Duden

WISSEN • ÜBEN • TESTEN

7. Klasse

Mathematik

4., aktualisierte Auflage

Dudenverlag
Berlin

Bildnachweis:
Mariano Gockel, La Palma, Spanien: S. 77

Bibliografische Information der Deutschen Nationalbibliothek
Die Deutsche Nationalbibliothek verzeichnet diese Publikation in der Deutschen Nationalbibliografie; detaillierte bibliografische Daten sind im Internet über http://dnb.dnb.de abrufbar.

Bibliographisches Institut GmbH
Mecklenburgische Straße 53, 14197 Berlin

Redaktionelle Leitung Constanze Schöder
Redaktion Dr. Wiebke Salzmann
Autoren Rolf Hermes, Katja Roth, Lutz Schreiner, Manuela Stein, Timo Witschaß, Dr. Wiebke Salzmann (Klappe)

Herstellung Uwe Pahnke
Layout Bachmann Design, Weinheim
Illustration Carmen Strzelecki
Umschlaggestaltung Büroecco, Augsburg; Bachmann Design, Weinheim
Umschlagabbildung iStock (Aldo Murillo); Fotolia (ag-visuell, blankstock, jfhp)
Umschlagillustration Selina Bauer, Berlin

Satz LemmeDESIGN, Berlin
Grafik pro.grafik, Ostfildern
Druck und Bindung AZ Druck und Datentechnik GmbH
Heisinger Straße 16, 87437 Kempten
Printed in Germany

ISBN 978-3-411-72434-5
Auch als E-Book erhältlich unter: ISBN 978-3-411-91193-6

www.duden.de

Inhaltsverzeichnis

INHALT

1 Rationale Zahlen

1.1 Rechnen mit rationalen Zahlen

Die negativen und die positiven Bruchzahlen bilden zusammen mit der Null die Menge der **rationalen Zahlen** $\mathbb{Q}$.

Die **rationalen Zahlen** kann man auf der **Zahlengeraden** veranschaulichen:

- Die **negativen Zahlen** liegen links von der Null und haben ein **negatives Vorzeichen** (minus: –).
- Die **positiven Zahlen** liegen rechts von der Null und können durch ein **positives Vorzeichen** (plus: +) gekennzeichnet werden.
- Die Null ist weder positiv noch negativ.

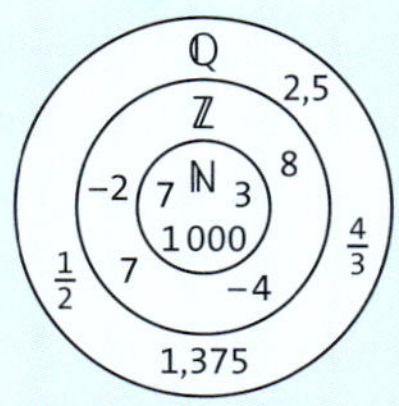

$\mathbb{Q} = \left\{\frac{p}{q} \text{ mit } p, q \in \mathbb{Z}, \text{ aber } q \neq 0\right\}$

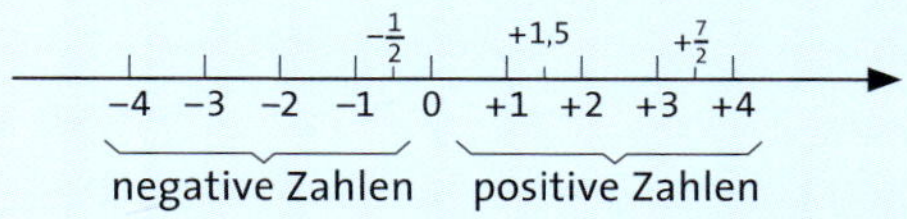

Beispiele für rationale Zahlen: -1; $-\frac{1}{2}$; 1,5; 2

Der Abstand einer Zahl zur Null heißt **Betrag der Zahl.** Haben zwei Zahlen denselben Betrag, ist jede der Zahlen die **Gegenzahl (entgegengesetzte Zahl)** der anderen.

$$|a| = \begin{cases} a, & \text{wenn } a \geq 0 \\ -a, & \text{wenn } a < 0 \end{cases}$$

Der Betrag von -2 ist 2: $|-2| = 2$.
-2 ist die Gegenzahl von $+2$ und $+2$ ist die Gegenzahl von -2.

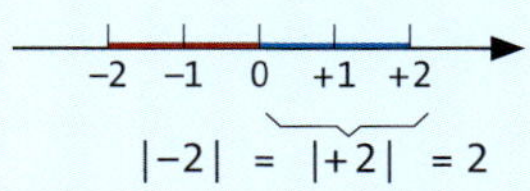

Liegt eine Zahl a auf der Zahlengeraden links von einer Zahl b, so sagt man

- a ist **kleiner als** b und man schreibt **a < b.**
- Man sagt auch b ist **größer als** a und schreibt **b > a.**

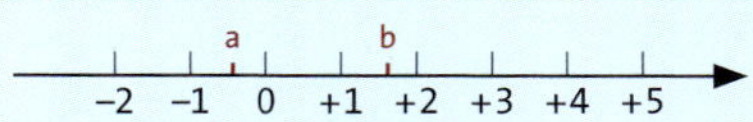

$+3 < +5$ bzw. $+5 > +3$
$-2 < -1$ bzw. $-1 > -2$
$-4 < +3$ bzw. $+3 > -4$

Das **Koordinatensystem (Achsenkreuz)** wird ebenfalls in den negativen Bereich fortgesetzt. Die Pfeilspitzen an den Achsen zeigen an, in welcher Richtung die Zahlen größer werden.

Koordinaten eines Punktes P schreibt man in der Form P(x|y).

Den **x-Wert** nennt man auch **Abszisse,** den **y-Wert** auch **Ordinate** eines Punktes.

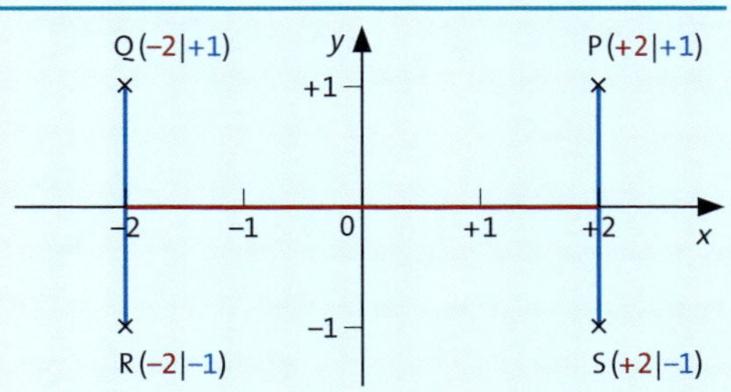

R(−2|−1) bedeutet: von der Null aus 2 Einheiten nach links und 1 nach unten;
P(+2|+1) bedeutet: von der Null aus 2 Einheiten nach rechts und 1 nach oben.

WISSEN

Addition und Subtraktion

Rationale **Zahlen mit demselben Vorzeichen** werden addiert, indem man
- die Beträge addiert und
- dem Ergebnis das gemeinsame Vorzeichen gibt.

$(+3) + (+2{,}1) = +(3 + 2{,}1) = +5{,}1$
$(-3) + (-2{,}1) = -(3 + 2{,}1) = -5{,}1$

Rationale **Zahlen mit unterschiedlichen Vorzeichen** werden addiert, indem man
- den kleineren Betrag vom größeren subtrahiert und
- dem Ergebnis das Vorzeichen der Zahl mit dem größeren Betrag gibt.

$(+7) + (-6{,}5) = +(7 - 6{,}5) = +0{,}5$

$(-7) + (+6{,}5) = -(7 - 6{,}5) = -0{,}5$

Man **subtrahiert** eine rationale Zahl, indem man ihre Gegenzahl addiert:
$a - b = a + (-b)$
$a - (-b) = a + (+b)$

$3{,}4 - 2{,}1 = 3{,}4 + (-2{,}1) = +1{,}3$
$\left(-\frac{1}{4}\right) - \left(-\frac{3}{4}\right) = \left(-\frac{1}{4}\right) + \left(+\frac{3}{4}\right) = +\frac{2}{4} = +\frac{1}{2}$

Multiplikation

Zwei rationale Zahlen werden multipliziert, indem man die Beträge multipliziert. Das Produkt ist
- positiv, wenn beide Faktoren dasselbe Vorzeichen haben;
- negativ, wenn die Faktoren unterschiedliche Vorzeichen haben.

$(-2) \cdot \left(-\frac{1}{3}\right) = +\frac{2}{3}$ $\qquad (+3) \cdot (-1{,}2) = -3{,}6$

+ · + = + $\qquad$ **− · − = +**

+ · − = − $\qquad$ **− · + = −**

Merke: Die Multiplikation einer Zahl mit −1 bewirkt, dass sich das Vorzeichen ändert.

$-1 \cdot (+13) = -13$ $\qquad -1 \cdot (-112) = +112$

Division

Zwei rationale Zahlen werden dividiert, indem man ihre Beträge dividiert. Der Quotient ist
- positiv, wenn Dividend und Divisor dasselbe Vorzeichen haben;
- negativ, wenn sie unterschiedliche Vorzeichen haben.

$(+4) : (+0{,}2) = +20$ $\qquad (-16) : (-4) = +4$
$(+2) : (-3) = -\frac{2}{3}$ $\qquad (-12) : (+3) = -4$

+ : + = + $\qquad$ **− : − = +**

+ : − = − $\qquad$ **− : + = −**

Achtung: Durch null darf man nicht teilen!

$-3 : 0$ und $\frac{-3}{0}$ sind nicht definiert und deshalb nicht möglich!

Division einer rationalen Zahl durch eine andere bedeutet das Gleiche wie **Multiplikation** mit dem Kehrwert: $a : b = a \cdot \frac{1}{b}$.

$-\frac{3}{7} : (+3) = -\frac{3}{7} \cdot \left(+\frac{1}{3}\right) = -\frac{\not{3}^{1}}{7} \cdot \frac{1}{\not{3}_{1}} = -\frac{1}{7}$

ÜBUNG 1 **Ordne die Zahlen in der Form a < b < c < ... Beginne mit der kleinsten Zahl. (Tipp: Verdeutliche dir in deinem Übungsheft die Lage der Zahlen auf der Zahlengeraden.)**

$-3; +2; -3{,}5; -2{,}5; +0{,}3; +3{,}2; -\frac{1}{2}; -\frac{1}{4}; +4{,}7; -1{,}5; +\frac{3}{2}; -\frac{3}{2}$

WISSEN

Zur Erinnerung: Brüche vergleichen

1. Bei **gleichnamigen Brüchen** musst du die Zähler vergleichen.
2. **Ungleichnamige Brüche** musst du zuerst gleichnamig machen (auf einen gemeinsamen Nenner erweitern) und anschließend die Zähler vergleichen.

Achtung: Berücksichtige die Vorzeichen!

Tipp: Um eine Dezimalzahl mit einem Bruch zu vergleichen, wandelst du sie zuerst in einen Bruch um.

Vergleiche $-\frac{1}{3}$ und $-\frac{1}{4}$.

$-\frac{1}{3} = -\frac{4}{12}$ und $-\frac{1}{4} = -\frac{3}{12}$.

Also: $-\frac{1}{3} < -\frac{1}{4}$, denn

$-\frac{4}{12} < -\frac{3}{12}$ bzw. $-4 < -3$.

$0{,}7 = \frac{7}{10} = \frac{49}{70}$ und $\frac{5}{7} = \frac{50}{70}$,

also $0{,}7 < \frac{5}{7}$

ÜBUNG 2 **Betrachte das unten stehende Koordinatensystem.**

a) Gib die Koordinaten (x|y) der eingezeichneten Punkte an.

b) Markiere die folgenden Punkte im Koordinatensystem:
H (+2,5|+0,5); I (−2|−1); J (0|+1,7); K (−2,4|0); L (−4,5|−2,2); M (−4,5|+1,2).

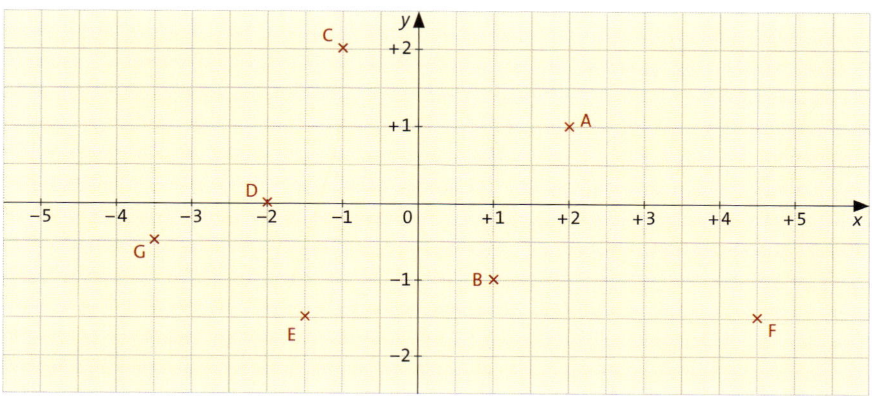

ÜBUNG 3 **Setze das richtige Relationszeichen ein (<, > oder =).**

a) +2 < +2,2

b) −4 < −3,5

c) $-\frac{2}{7}$ > $-\frac{1}{3}$

d) −22,2 > −22,3

e) |−17| < +17

ÜBUNG 4 **Ergänze die Tabelle.**

Zahl	+7	−1,5	−3,4	0	−0,16	$-\frac{3}{97}$	−6,7	$+\frac{2}{3}$	+0,007
Gegenzahl	−7	+1,5	+3,4	0	+0,16	$+\frac{3}{97}$	+6,7	$-\frac{2}{3}$	−0,007
Betrag	7	1,5	3,4	0	0,16	$\frac{3}{97}$	6,7	$\frac{2}{3}$	0,007

WISSEN

Zur Erinnerung: Bruchrechnung
Brüche addieren und subtrahieren

1. Mache die Brüche gleichnamig.
2. Addiere bzw. subtrahiere die Zähler.
   Achtung: Beachte die Vorzeichen!
3. Kürze das Ergebnis.

$$-\frac{1}{5}+\frac{2}{3}=-\frac{3}{15}+\frac{10}{15}=\frac{-3+10}{15}=\frac{7}{15}$$

$$\frac{4}{3}-\frac{7}{4}=\frac{16}{12}-\frac{21}{12}=\frac{16-21}{12}=-\frac{5}{12}$$

Brüche multiplizieren
Multipliziere Zähler mit Zähler und Nenner mit Nenner:

$$\frac{a}{b}\cdot\frac{c}{d}=\frac{a\cdot c}{b\cdot d}$$

$$\frac{4}{15}\cdot\frac{21}{8}=\frac{\overset{1}{\cancel{4}}\cdot\overset{7}{\cancel{21}}}{\underset{5}{\cancel{15}}\cdot\underset{2}{\cancel{8}}}=\frac{1\cdot 7}{5\cdot 2}=\frac{7}{10}$$

Brüche dividieren
Multipliziere den ersten Bruch mit dem Kehrwert des zweiten Bruchs:

$$\frac{a}{b}:\frac{c}{d}=\frac{a}{b}\cdot\frac{d}{c}=\frac{a\cdot d}{b\cdot c}$$

$$\frac{16}{13}:\frac{8}{39}=\frac{16}{13}\cdot\frac{39}{8}=\frac{\overset{2}{\cancel{16}}\cdot\overset{3}{\cancel{39}}}{\underset{1}{\cancel{13}}\cdot\underset{1}{\cancel{8}}}=\frac{2\cdot 3}{1\cdot 1}=6$$

Tipp: Gemischte Zahlen musst du in Brüche umwandeln.
Kürze wenn möglich und multipliziere die gekürzten Zahlen.

ÜBUNG 5 **Berechne die Aufgaben in deinem Übungsheft.**

a) $-2+3{,}5$ b) $9+(-17)$ c) $23{,}3-(-11{,}7)$ d) $-1{,}3+(-1{,}7)$ e) $-55{,}5+(-45{,}1)$

f) $\frac{2}{7}+\left(-\frac{3}{7}\right)$ g) $-1{,}4-1{,}6$ h) $-8{,}27+(-3{,}73)$ i) $-\frac{3}{8}+\left(-\frac{1}{6}\right)$ j) $-\frac{3}{5}-(-0{,}6)$

ÜBUNG 6 **Berechne. Beachte dabei die Vorzeichenregeln.**

a) $-7\cdot(+3)$ b) $-6\cdot(+1{,}5)$ c) $-4\cdot 1{,}2$ d) $-5\cdot(-117)$ e) $220:(-11)$

f) $\frac{3}{8}\cdot\left(-\frac{5}{9}\right)$ g) $(-1{,}6):(-0{,}4)$ h) $-\frac{3}{4}:\left(-\frac{9}{28}\right)$ i) $-\frac{3}{5}:\left(-\frac{25}{2}\right)$ j) $-1\frac{3}{7}:2\frac{1}{3}$

ÜBEN

1.2 Rechengesetze und Klammerregeln

Kommutativgesetz (KG)

Beim **Addieren** darfst du die Summanden vertauschen: $a + b = b + a$
Merke: $a - b = a + (-b)$.

$(-2) + (-5) = (-5) + (-2) = -7$

$3{,}2 - 0{,}2 = 3{,}2 + (-0{,}2) = -0{,}2 + 3{,}2 = 3$

Beim **Multiplizieren** darfst du die Faktoren vertauschen: $a \cdot b = b \cdot a$

$-5 \cdot 2 = 2 \cdot (-5) = -10$

Assoziativgesetz (AG)

In einer **Summe** aus mehreren Summanden darfst du die Klammern umsetzen, d. h. die Reihenfolge der Rechenschritte vertauschen:
$a + b + c = (a + b) + c = a + (b + c)$

$-1{,}7 + (-0{,}3) + 1{,}3 = [-1{,}7 + (-0{,}3)] + 1{,}3$
$= -2 + 1{,}3 = -0{,}7$
oder:
$-1{,}7 + (-0{,}3) + 1{,}3 = -1{,}7 + [(-0{,}3) + 1{,}3]$
$= -1{,}7 + 1 = -0{,}7$

In einem **Produkt** aus mehreren Faktoren darfst du die Klammern umsetzen, d. h. die Reihenfolge der Rechenschritte vertauschen:
$a \cdot b \cdot c = (a \cdot b) \cdot c = a \cdot (b \cdot c)$

$-\frac{3}{2} \cdot \frac{2}{3} \cdot \frac{2}{7} = \left(-\frac{3}{2} \cdot \frac{2}{3}\right) \cdot \frac{2}{7} = -1 \cdot \frac{2}{7} = -\frac{2}{7}$

$-\frac{3}{2} \cdot \frac{2}{3} \cdot \frac{2}{7} = -\frac{3}{2} \cdot \left(\frac{2}{3} \cdot \frac{2}{7}\right) = -\frac{3}{2} \cdot \frac{4}{21} = -\frac{2}{7}$

Distributivgesetz (DG)

$a \cdot (b + c) = a \cdot b + a \cdot c$
$a \cdot (b - c) = a \cdot b - a \cdot c$
Dies nennt man **ausmultiplizieren.**

Ausmultiplizieren:
$3 \cdot (10 + 7) = 3 \cdot 10 + 3 \cdot 7 = 30 + 21 = 51$

Die umgekehrte Anwendung dieses Gesetzes nennt man **ausklammern:**
$a \cdot b + a \cdot c = a \cdot (b + c)$
$a \cdot b - a \cdot c = a \cdot (b - c)$

Ausklammern:
$7 \cdot 12 + 7 \cdot 8 = 7 \cdot (12 + 8) = 7 \cdot 20 = 140$

Tipp: Nach dem KG gilt auch:
$a \cdot (b + c) = (b + c) \cdot a = b \cdot a + c \cdot a$
$a \cdot (b - c) = (b - c) \cdot a = b \cdot a - c \cdot a$

Bei der **Division** gilt das **Distributivgesetz** nur in der Form
$(a + b) : c = a : c + b : c$ bzw.
$(a - b) : c = a : c - b : c$

$(36 - 9) : 3 = 36 : 3 - 9 : 3 = 12 - 3 = 9$

Nutze das **Distributivgesetz,** um Terme zu vereinfachen.
Oft gibt es mehrere Möglichkeiten!

$-19 \cdot 12 = -19 \cdot (10 + 2)$
$= -19 \cdot 10 + (-19) \cdot 2$
$= -190 + (-38) = -228$

ÜBUNG 7 **Stelle die Terme mithilfe der Rechengesetze so um, dass du Rechenvorteile nutzen kannst. Notiere die angewendeten Gesetze jeweils neben den Schritten. Führe die Rechnungen zu Ende. (Tipp: Klammern kannst du auch „in Gedanken“ umsetzen (Assoziativgesetz).)**

a) $\frac{317}{30} - 2 - \frac{17}{30}$ Rechengesetz:

$= \frac{317}{30} - \frac{17}{30} - 2$ ______

$= \left(\frac{317}{30} - \frac{17}{30}\right) - 2$ ______

= ______

= ______

b) $-13{,}4 + 3{,}1 - 6{,}6$ Rechengesetz:

$= -13{,}4 - 6{,}6 + 3{,}1$ ______

$= (-13{,}4 - 6{,}6) + 3{,}1$ ______

= ______

= ______

WISSEN

Vorzeichen und Rechenzeichen
Zur Vereinfachung darfst du bei Addition und Subtraktion **Vorzeichen und Rechenzeichen zusammenfassen.**

$a + (+b) = a + b$ $a + (-b) = a - b$

$a - (-b) = a + b$ $a - (+b) = a - b$

$(-10) - (+3) = -10 - 3 = -13$

ÜBEN

ÜBUNG 8 **Überlege, wie du bei diesen Rechnungen am geschicktesten vorgehst. Notiere die einzelnen Schritte und die angewendeten Rechengesetze in deinem Heft. (Tipp: Denke daran, dass du eine Differenz immer als Summe schreiben kannst: $a - b = a + (-b)$.)**

a) $733{,}3 + 18{,}2 - 13{,}3$ b) $-33{,}7 - 2{,}3 + 3{,}5$

c) $133{,}1 - 122{,}2 - 13{,}1$ d) $-44{,}7 + \frac{2}{5} - 12{,}3$

e) $-14{,}4 + 12{,}8 - 13{,}6$ f) $\frac{3}{4} - 1\frac{1}{3} + \frac{1}{4} - \frac{2}{3}$

g) $-\frac{7}{9} + \frac{7}{6} - \frac{11}{9} - \frac{11}{6}$ h) $-999{,}01 - 9{,}9 - 0{,}09$

ÜBUNG 9 **Berechne folgende Aufgaben im Kopf und nutze dabei Rechenvorteile.**

a) $167 - 88 + 33$ b) $3{,}6 - 2{,}3 + 0{,}4$ c) $2{,}3 - 0{,}7 - 3{,}3$

d) $223{,}4 - 0{,}1 - 13{,}4$ e) $\frac{7}{8} + \frac{1}{3} + \frac{1}{8}$ f) $-\frac{4}{11} + 2\frac{2}{3} - 2\frac{7}{11}$

g) $\frac{1}{17} + \frac{6}{7} - \frac{13}{7}$ h) $0{,}4 + \frac{3}{4} - \frac{1}{4} + 1{,}1$

WISSEN

Tipps für das Kopfrechnen

- Stelle **Multiplikationsaufgaben** mit Brüchen immer so um, dass man leicht kürzen kann!
- **Negative Vorzeichen** kannst du beim Multiplizieren im Kopf zunächst ignorieren, beim Ergebnis musst du aber das richtige Vorzeichen notieren!

Merke:

- *Gerade* Anzahl negativer Vorzeichen: *positives* Ergebnis
- *Ungerade* Anzahl negativer Vorzeichen: *negatives* Ergebnis

ÜBUNG 10 **Rechne vorteilhaft. Welche Aufgaben kannst du im Kopf rechnen?**

a) $-2 \cdot (-13) \cdot (-5)$ b) $-5 \cdot 27 \cdot (-0{,}2)$ c) $\frac{2}{19} \cdot (-17) \cdot \left(-\frac{19}{3}\right)$ d) $40 \cdot (-4{,}4) \cdot \frac{1}{4}$

ÜBUNG 11 **Berechne durch Ausmultiplizieren in deinem Übungsheft.**

a) $-5 \cdot (-20 + 3)$ b) $-13 \cdot (-1 + 10)$ c) $-\frac{2}{3} \cdot (-30 + 3)$ d) $\left(\frac{1}{5} - 3\right) \cdot \left(-\frac{5}{3}\right)$

e) $(-7) \cdot \left(-\frac{2}{7} - 0{,}2\right)$ f) $-28 \cdot \left(-\frac{3}{4} + \frac{3}{14}\right)$ g) $(333 - 9) : (-3)$ h) $\left(-\frac{2}{3} + \frac{2}{5}\right) : \frac{2}{15}$

ÜBUNG 12 **Berechne durch Ausklammern. (Tipp: $-a \cdot b + a \cdot c = -a \cdot b - (-a) \cdot c$.)**

a) $-13 \cdot 22 + (-13) \cdot 8$ b) $25 \cdot 13 - 15 \cdot 25$

c) $-6{,}5 \cdot 13 + 6{,}5 \cdot (-7)$ d) $-7{,}3 \cdot 172 - 28 \cdot 7{,}3$

ÜBEN

WISSEN

Klammern auflösen (weglassen)

Wird eine **Plusklammer** aufgelöst, so lässt man die Klammer einfach weg:
$a + (b + c) = a + b + c$

Wird eine **Minusklammer** aufgelöst, so muss man alle Vorzeichen in der Klammer ändern.
$a - (b + c) = a - b - c$

$-1 + (2 + 3) = -1 + 2 + 3 = 4$

$1{,}2 + [(-0{,}7) + 7] = 1{,}2 - 0{,}7 + 7 = 7{,}5$

$\frac{2}{3} - \left(\frac{2}{3} - \frac{1}{6}\right) = \frac{2}{3} - \frac{2}{3} + \frac{1}{6} = \frac{1}{6}$

$-11 - (-3 + 0{,}2) = -11 + 3 - 0{,}2 = -8{,}2$

ÜBUNG 13 **Berechne die Terme, indem du zuerst die Klammern auflöst.**

a) $-27 + (17 - 6)$ b) $-26 - (24 - 51)$

c) $\frac{2}{5} - \left(\frac{1}{3} - \frac{3}{5}\right)$ d) $-(211{,}5 + 13{,}5) - 16{,}5$

1.3 Potenzen und Quadratwurzeln

Die Multiplikation gleicher Faktoren kann als **Potenz** geschrieben werden:

$\underbrace{a \cdot a \cdot a \cdot \ldots \cdot a}_{\text{n-mal der Faktor a}} = a^n$

$2 \cdot 2 \cdot 2 \cdot 2 = 2^4 = 16$

$(-3) \cdot (-3) \cdot (-3) = (-3)^3 = -27$

In der Potenz a^n heißt a die **Basis** und n der **Exponent.** Das Ergebnis der Rechnung heißt Wert der Potenz (Potenzwert).

a kann eine beliebige rationale Zahl und n jede natürliche Zahl größer als 1 sein. Zusätzlich wird festgelegt:
$a^0 = 1$; $a^1 = a$; $1^n = 1$

Basis → 2^4 ← Exponent

Der *Wert* dieser Potenz ist 16, denn $2^4 = 2 \cdot 2 \cdot 2 \cdot 2 = 16$

$7^0 = 1$ $18^1 = 18$ $1^{765} = 1$

Ist die Basis eine negative Zahl oder ein Bruch, muss sie in Klammern stehen und der Exponent steht außerhalb der Klammern.

$\left(-\frac{1}{7}\right) \cdot \left(-\frac{1}{7}\right) = \left(-\frac{1}{7}\right)^2$

Vorzeichenregeln:
1. Ist die **Basis positiv,** so ist auch der Wert jeder Potenz positiv.
2. Ist die **Basis negativ,** so ist der Wert der Potenz
- *positiv,* wenn der Exponent *gerade* ist;
- *negativ,* wenn der Exponent *ungerade* ist.

positive Basis:
$5^2 = 5 \cdot 5 = 25 > 0$ $5^3 = 5 \cdot 5 \cdot 5 = 125 > 0$

negative Basis:
$(-4)^2 = (-4) \cdot (-4) = 16 > 0$
$(-4)^3 = (-4) \cdot (-4) \cdot (-4) = -64 < 0$
$(-4)^4 = (-4) \cdot (-4) \cdot (-4) \cdot (-4) = 256 > 0$

Eine Potenz a^2 ($a \in \mathbb{N}$) mit dem Exponenten 2 heißt **Quadratzahl.** Das **Quadrieren** setzt man z. B. bei der Berechnung von Flächen ein.

Eine Potenz a^3 ($a \in \mathbb{N}$) mit dem Exponenten 3 heißt **Kubikzahl.** Mit Kubikzahlen berechnet man z. B. Volumen.

Quadratzahl Kubikzahl

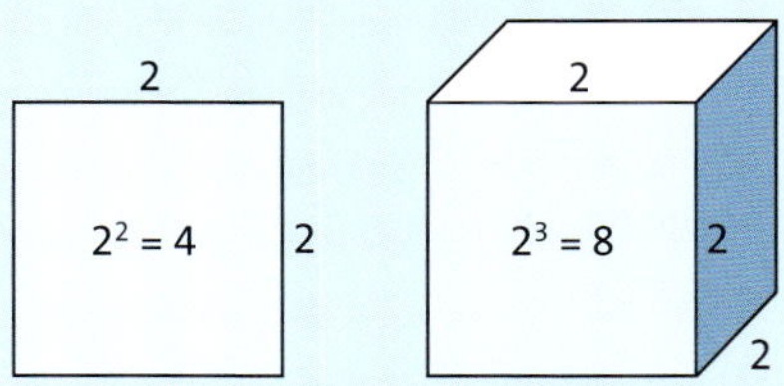

Die **Quadratwurzel** (Wurzel) einer positiven rationalen Zahl a ist diejenige positive Zahl, die mit sich selbst multipliziert a ergibt. Man schreibt:
$\sqrt{a} \cdot \sqrt{a} = (\sqrt{a})^2 = a$

Merke: Quadratwurzeln sind immer positiv.
Wurzelziehen (Radizieren) ist die Umkehrung des **Quadrierens.** Man kann die Wurzel nur aus einer positiven Zahl oder aus 0 ziehen.

$3^2 = 3 \cdot 3 = 9$, also ist 3 die Quadratwurzel aus 9: $\sqrt{9} = 3$.

$\sqrt{\frac{1}{4}} = \frac{1}{2}$, denn $\left(\frac{1}{2}\right)^2 = \left(\frac{1}{2}\right) \cdot \left(\frac{1}{2}\right) = \frac{1}{4}$.

Für alle $a > 0$ gilt: $\sqrt{a} > 0$.

Es ist: $\sqrt{1} = 1$; $\sqrt{0} = 0$

$\sqrt{-4}$ *geht nicht,* denn -4 ist negativ!

ÜBUNG 14 **Fülle die Lücken aus.**

a) In der Potenz 5^2 nennt man 5 ______ und 2 ______.

b) Der ______ der Potenz 11^2 ist 121.

c) Ist die Basis einer Potenz positiv, dann ist der Wert ______.

d) Hat eine Potenz eine negative Basis und einen ungeraden Exponenten, dann ist der Wert der Potenz ______; ist der Exponent gerade, dann ist der Wert der Potenz ______.

e) Wenn $11^2 = 121$ gilt, dann ist 11 die ______ von 121.

f) $\sqrt{64} =$ ______, denn ______ $= 64$.

WISSEN

Brüche potenzieren
Um einen **Bruch** zu potenzieren, musst du seinen Zähler *und* seinen Nenner mit dem Exponenten potenzieren.

$$\left(\frac{3}{5}\right)^3 = \frac{3}{5} \cdot \frac{3}{5} \cdot \frac{3}{5} = \frac{3 \cdot 3 \cdot 3}{5 \cdot 5 \cdot 5} = \frac{3^3}{5^3} = \frac{27}{125}$$

Beim Potenzieren von Dezimalzahlen musst du auf das Komma achten!

$$0{,}07^2 = 0{,}07 \cdot 0{,}07 = 0{,}0049$$

Eine **Dezimalzahl** kannst du leicht potenzieren, wenn du sie als Bruch schreibst.

$$0{,}07^2 = \left(\frac{7}{100}\right)^2 = \frac{7^2}{100^2} = \frac{49}{10000} = 0{,}0049$$

ÜBUNG 15 **Überlege dir zunächst das Vorzeichen, potenziere dann den Betrag der Basis und bestimme den Wert der Potenz.**

	a^n	+/−	$\lvert a \rvert^n = \ldots$	$a^n = \ldots$
a)	$(-3)^3$	-	$\lvert -3 \rvert^3 = 3^3 = 27$	-27
b)	$(-1)^8$			
c)	$(-2)^7$			
d)	$\left(+\frac{2}{3}\right)^3$			
e)	$(-0{,}2)^2$			

ÜBUNG 16 **Gib jeweils den Wert der Potenz an.**

a) $(-6)^3$ b) $(-2)^9$ c) $\left(-\frac{4}{13}\right)^2$ d) $(-0{,}7)^3$ e) $\left(-2\frac{3}{4}\right)^2$ $\left(\text{Tipp: } -2\frac{3}{4} = -\frac{11}{4}\right)$

f) $\left(-1\frac{3}{7}\right)^3$ g) 17^2 h) 170^2 i) $1{,}7^2$ j) $0{,}17^2$ k) $\left(-\frac{6}{11}\right)^3$

WISSEN

Tipp zum Wurzelziehen

Zum Bestimmen von Quadratwurzeln kannst du die folgende Regel verwenden:

Es gilt: $\sqrt{a \cdot b} = \sqrt{a} \cdot \sqrt{b}$ bzw. $\sqrt{\frac{a}{b}} = \frac{\sqrt{a}}{\sqrt{b}}$

Achtung: $\sqrt{a + b} \neq \sqrt{a} + \sqrt{b}$

$\sqrt{250\,000}$ soll bestimmt werden.
$250\,000 = 25 \cdot 10\,000$
Du weißt, dass $5^2 = 25$, also $\sqrt{25} = 5$.
Außerdem ist $100^2 = 10\,000$,
also $\sqrt{10\,000} = 100$. Damit gilt:
$\sqrt{250\,000} = \sqrt{25} \cdot \sqrt{10\,000} = 5 \cdot 100 = 500$
Ebenso kannst du bei Dezimalzahlen vorgehen:
$\sqrt{0{,}09} = \sqrt{9} \cdot \sqrt{0{,}01} = 3 \cdot 0{,}1 = 0{,}3$

ÜBUNG 17 **Gib jeweils den Wert der Quadratwurzel an.**

a) $\sqrt{81}$ b) $\sqrt{144}$ c) $\sqrt{225}$ d) $\sqrt{3\,600}$

e) $\sqrt{1{,}96}$ f) $\sqrt{0{,}0025}$ g) $\sqrt{1{,}21}$ h) $\sqrt{1\,960\,000}$

i) $\sqrt{2{,}25}$ j) $\sqrt{2{,}89}$ k) $\sqrt{0{,}000\,289}$ l) $\sqrt{\frac{625}{169}}$

ÜBUNG 18 **Welches Volumen hat ein Würfel mit der Kantenlänge 5 cm?**

ÜBUNG 19 **Wie lang ist eine Seite eines Quadrates mit 225 m² Flächeninhalt?**

WISSEN

Irrationale Zahlen

Die Quadratwurzel aus einer positiven rationalen Zahl ist nicht immer eine rationale Zahl. Manche Quadratwurzeln kann man nicht als Bruch schreiben, weil es nicht abbrechende, nicht periodische Dezimalzahlen sind. Solche Zahlen heißen **irrationale Zahlen.** Man verwendet Näherungswerte.

Merke: Auch die Kreiszahl π (≈ 3,14) ist eine irrationale Zahl.

$\frac{1}{9} = 0{,}\overline{1} = 0{,}1111... \in \mathbb{Q}$

$\sqrt{\frac{1}{9}} = \frac{1}{3} = 0{,}\overline{3} = 0{,}333... \in \mathbb{Q}$

$2 \in \mathbb{Q}$ aber:
$\sqrt{2} = 1{,}414\,213\,562... \notin \mathbb{Q}$
$\pi = 3{,}141\,592\,654... \notin \mathbb{Q}$

45 Minuten

KLASSENARBEIT 1

AUFGABE 1 **Betrachte das unten stehende Koordinatensystem.**

a) Gib die Koordinaten der eingezeichneten Punkte in der Form (x|y) an.
b) Markiere in dem Koordinatensystem die Punkte D (−1|1,5); E (−1,5|−0,5); F (0|−0,6).

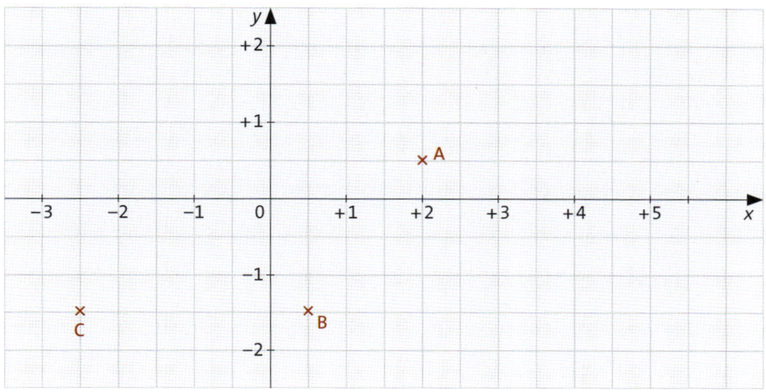

AUFGABE 2 **Erkläre mit eigenen Worten, was der Betrag einer rationalen Zahl ist. Was bedeutet somit |−3,5|?**

AUFGABE 3 **Ordne die Zahlen in der Form a < b.**

a) $-2{,}5;\ -2$ b) $-\frac{3}{7};\ -\frac{1}{3}$

AUFGABE 4 **Berechne die Terme.**

a) $-1{,}3 + 3{,}5 - 1{,}7$ b) $-\frac{1}{8} + \left(-\frac{2}{3}\right)$ c) $-9{,}7 - (-8{,}4 + 2{,}3)$

d) $-8 \cdot (+7)$ e) $-\frac{9}{7} \cdot \left(-\frac{63}{2}\right)$ f) $\frac{5}{9} : \left(-\frac{7}{18}\right)$

AUFGABE 5 **Berechne durch Ausmultiplizieren.**

a) $-13 \cdot (30 - 1)$ b) $\left(5 + \frac{5}{6}\right) \cdot (-12)$ c) $\left(-33 + \frac{11}{13}\right) : (-11)$

AUFGABE 6 **Berechne möglichst geschickt, indem du einen der Faktoren als Summe oder als Differenz schreibst und das Distributivgesetz anwendest.**

a) $-8 \cdot 29$ b) $2\frac{3}{4} \cdot (-8)$ c) $28\frac{7}{8} : (-7)$

AUFGABE 7 **Gib jeweils den Wert an.**

a) $(-3)^3$ b) $\left(-\frac{2}{5}\right)^4$ c) $\sqrt{4900}$

KLASSENARBEIT 2

45 Minuten

AUFGABE 8 **Eine Fußballmannschaft hat ein Torverhältnis von 38:61, d. h., sie hat 38 Tore geschossen und 61 Gegentore zugelassen. Der Gegner hat ein Torverhältnis von 75:39. Die Tordifferenz beträgt also –23 bzw. +36. Berechne die Tordifferenzen.**

a) 9:5 b) 13:7 c) 12:12
d) 23:27 e) 37:42 f) 32:102

AUFGABE 9 **Welche Zahlen sind auf der Zahlengeraden gekennzeichnet? Gib die Gegenzahlen an und stelle sie ebenfalls auf der Zahlengeraden dar. (Tipp: Der Abstand zwischen zwei ganzen Zahlen beträgt in der Abbildung 1 cm.)**

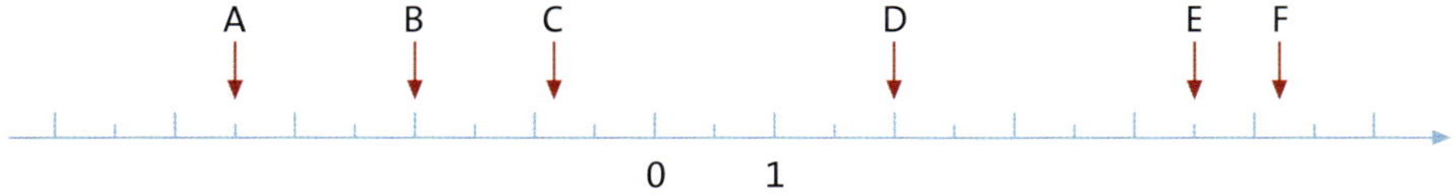

AUFGABE 10 **Die Geraden, die durch jeweils zwei der Punkte A(–10 | –5,5), B(–2 | –5,5), C(–2 | 1,5) und D(–10 | 1,5) gehen, schließen eine Fläche ein.**

a) Zeichne die Punkte in ein rechtwinkliges Koordinatensystem mit geeignetem Maßstab ein und färbe die Fläche.
b) Berechne Umfang U und Flächeninhalt A der Fläche, wenn 1 Einheit 1 Zentimeter entspricht.

AUFGABE 11 **Berechne die Terme.**

a) $(-2) + 4{,}5$ b) $-8 - 2{,}9 - 7{,}1$ c) $13{,}1 + 5\frac{2}{5} - 6{,}45$
d) $(-12{,}4) : (-4)$ e) $4\frac{2}{9} \cdot (-6)$ f) $(-1\frac{2}{5}) \cdot 3{,}9 \cdot (-0{,}8)$

AUFGABE 12 **Berechne die Potenzen.**

a) $(-4)^3$ b) $(-2{,}34)^2$ c) $0{,}7^4$ d) $(-0{,}7)^4$

AUFGABE 13 **Welche Zahl a kann es sein?**

a) Wird a mit sich selbst multipliziert, erhält man die Gegenzahl von a.
b) Multipliziert man a mit der Gegenzahl von a, erhält man –1.
c) Subtrahiert man von a den Betrag von a, erhält man 0.

75 Minuten

KLASSENARBEIT 3

AUFGABE 14 **Ordne die folgenden Ereignisse zeitlich ein. Beginne mit dem am weitesten zurückliegenden.**

247 v. Chr.	Der Feldherr Hannibal wird geboren.
1866	Werner von Siemens baut eine erste Dynamomaschine.
1949	Die Bundesrepublik Deutschland wird gegründet.
384 v. Chr.	Aristoteles, einer der bekanntesten und einflussreichsten Philosophen der Geschichte, wird geboren.
333 v. Chr.	Alexander der Große siegt in der Schlacht bei Issos über den persischen Großkönig Dareios III.
1473	Nikolaus Kopernikus wird in Thorn geboren.

AUFGABE 15 **Vervollständige die Sätze so, dass wahre Aussagen entstehen.**

a) Alle negativen Zahlen sind ____________, alle positiven ____________ als die Zahl 0.

b) Die Menge der rationalen Zahlen wird mit ______ bezeichnet, die der ganzen Zahlen mit ______.

c) −3 und 3 heißen zueinander ____________ rationale Zahlen.

d) 4,7 und −4,7 haben den gleichen ____________.

e) Die Zahl ______ ist die kleinste natürliche Zahl.

f) Die Zahl ______ ist die kleinste rationale Zahl.

AUFGABE 16 **Dennis hat eine Woche lang die Außentemperatur am gleichen Ort und zur gleichen Tageszeit gemessen. Er hat die Werte in eine Tabelle eingetragen.**

Wochentag	Mo	Di	Mi	Do	Fr	Sa	So
Temperatur in °C	−4,2	−5,6	−2,8	0,2	2,9	3,8	6,5

a) Wie groß ist der Unterschied zwischen der höchsten und der niedrigsten Temperatur?
b) Berechne die mittlere Außentemperatur. Runde auf die 1. Nachkommastelle.
c) Gib für jeden Tag die Abweichung von der mittleren Temperatur an.
d) Um wie viel Grad fällt die Temperatur von Sonntag auf den folgenden Montag, wenn sie dann um 1,7 °C niedriger ist als am Donnerstag?

AUFGABE 17 **Was ist mit folgenden Aussagen gemeint?**

a) Die durchschnittliche Temperatur der letzten Nacht betrug −13,7 °C.
b) Maries Guthaben auf der Bank beträgt −152 €.
c) Das Füllgewicht weicht um −6,8 g vom Sollgewicht ab.
d) Der Anteil der Wählerstimmen im Vergleich zur letzten Wahl veränderte sich bei Partei A um 2,4 %, bei Partei B um −5 %.

AUFGABE 18 **Berechne die Terme.**

a) $\frac{1}{2} + \frac{3}{4}$ b) $-\frac{5}{6} + \frac{2}{3}$ c) $1\frac{1}{3} \cdot \left(-\frac{2}{5}\right)$
d) $(-47{,}46) : 21$ e) $-4{,}5 - (-7{,}1)$ f) $(-0{,}52) : 0{,}026$

AUFGABE 19 **Berechne und vergleiche die Terme.**

a) $(-4{,}5)^2$ und $-4{,}5^2$ b) $\left(-\frac{2}{3}\right)^3$ und $-\left(\frac{2}{3}\right)^3$ c) 7^3 und $(-7)^3$

AUFGABE 20 **Sophie möchte sich einen Laptop kaufen. Sie hat sich schon einen ausgesucht und kann zwischen zwei Angeboten wählen. Bei Elektro-Ebert muss sie 749 € in bar zahlen. Bei Computer-Karl zahlt sie bei einer Anzahlung von 199 € im ersten Jahr 24,90 € monatlich, im zweiten Jahr 18,90 € monatlich und im dritten Jahr 15,90 € monatlich. Wie hoch ist die Ersparnis beim Barkauf bei Elektro-Ebert?**

AUFGABE 21 **Ein quadratisches Grundstück hat den Flächeninhalt 361 m². Wie breit ist es?**

AUFGABE 22 **Gib jeweils den Wert der Quadratwurzel an.**

a) $\sqrt{36}$ b) $\sqrt{0{,}0036}$ c) $\sqrt{\frac{121}{169}}$

AUFGABE 23 **Stelle einen Term auf und berechne diesen.**

a) Dividiere die Summe aus $\frac{1}{3}$ und $-2\frac{1}{2}$ durch das Produkt dieser beiden Zahlen.
b) Um wie viel ist das Produkt aus $-2\frac{2}{3}$ und $7\frac{1}{2}$ kleiner als das Fünffache von $-4\frac{1}{8}$?
c) Subtrahiere die Summe aus $-5\frac{5}{7}$ und $-1\frac{4}{5}$ vom Produkt aus den beiden Zahlen.

TESTEN

60 Minuten

KLASSENARBEIT 4

AUFGABE 24 Gib zu den folgenden Zahlen jeweils Gegenzahl und Betrag an.

a) 28,7 b) −17,8 c) −39,8

d) $-39\frac{3}{5}$ e) $3\frac{3}{10}$ f) $-\frac{17}{25}$

AUFGABE 25 Vervollständige die Tabelle.

x	5		0,8			0,5	
y	−7	6	$\frac{2}{3}$		4,8	0,75	
Summe von x und y				2,7			4
Differenz von x und y					−5		10
Das Dreifache von x		−9		−8,1			
Der fünfte Teil von y							

AUFGABE 26 Nenne alle rationalen Zahlen, für die folgende Gleichungen erfüllt sind.

a) $x^2 = 16$ b) $-6a = 84$
c) $|y| = 5{,}1$ d) $|x + 3| = 8$

AUFGABE 27 Vervollständige die Tabelle.

a	b	c	a + b + c	a · b · c	a · (−b) · c	a · (b − c)	$\frac{a \cdot b}{-c}$
4	−3	6					
2,9		−9,4	−11,1				
$\frac{1}{2}$	$\frac{4}{5}$	$-\frac{5}{6}$					

AUFGABE 28 Berechne die Terme.

a) $2{,}3 \cdot (-9 - 22)$ b) $(-2{,}4) \cdot (-14{,}1) + 5{,}5$ c) $3{,}1 - 11{,}9 + 2{,}9$

d) $\frac{2}{5} \cdot (-2{,}7) + \frac{2}{5} \cdot 4{,}1$ e) $(-1{,}7) \cdot 5 + 3{,}1 \cdot (-1{,}7)$ f) $\frac{3}{4} \cdot \left(-\frac{2}{5}\right) + \frac{7}{10} \cdot \frac{3}{4}$

TESTEN

2 Terme und Gleichungen

2.1 Terme mit Variablen

WISSEN

Ein **Term** besteht aus sinnvoll zusammengesetzten Zahlen, Variablen und Rechenzeichen.	*Beispiele für Terme:* $(42 - y) \cdot 2$ x x^2 Dies sind *keine Terme:* $9 -$ $+1-$ $3\,t = 3\,t$
■ Als **Variablen** oder **Platzhalter** für Zahlen werden Buchstaben wie x, y, z verwendet. ■ Setzt man für die Variable eine Zahl ein, so nimmt der Term einen **Wert** an. ■ Die **Grundmenge G** beinhaltet die Zahlen, die man für die Variable einsetzen darf.	In dem Term $7 + x$ steht die Variable x als Platzhalter für Zahlen. Setzt man für *x* die Zahl ***3*** ein, so nimmt der Term den *Wert 10* an. Setzt man für *x* die Zahl ***4*** ein, so nimmt der Term den *Wert 11* an.
Schreibweisen für Terme: ■ Eine Zahl, die als Faktor mit der Variablen multipliziert wird, heißt **Koeffizient.** Ein Koeffizient steht immer *vor* der Variablen. ■ Malpunkte zwischen einem Koeffizienten und der Variablen oder zwischen zwei Variablen dürfen weggelassen werden. ■ Der Koeffizient 1 wird meist nicht notiert.	$3 \cdot x$ (Der Koeffizient von x ist 3.) $2 \cdot x = 2x$ $a \cdot b = ab$ $s \cdot (-7) = -7s$ $y \cdot y = yy = y^2$ $3 \cdot (u + v) = 3(u + v)$ $1 \cdot x = x$ und $-1 \cdot x = -x$
Zusammenfassen und Ordnen von Variablen in Termen: ■ *Gleiche* Variablen mit *gleichen* Exponenten dürfen **addiert** bzw. **subtrahiert** werden, indem man die Koeffizienten addiert bzw. subtrahiert. ■ Man *ordnet* die Variablen alphabetisch und nach der Höhe der Potenz.	$3x + 2x = (3 + 2)x = 5x$ $2m + m + u = 2m + 1m + u = 3m + u$ $3x^2y - x^2y + xy = 3x^2y - 1x^2y + xy$ $= 2x^2y + xy$ Mehr kann man hier nicht zusammenfassen. $7z + 3yx = 3xy + 7z$ $7x - x^2 = -x^2 + 7x$
Klammern löst du auf, wie in Kap. 1.2 beschrieben.	$a + (b + c) = a + b + c$ $a - (b + c) = a - b - c$
„Vorfahrtsregeln" in Termen: Berechne Klammern immer zuerst, dann Potenzrechnungen vor Punktrechnungen vor Strichrechnungen.	$a + 3b \cdot (a + a)^2 - 3^2 \cdot a$ $= a + 3b \cdot (2a)^2 - 9 \cdot a$ $= a + 3b \cdot 4a^2 - 9a$ $= a - 9a + 3 \cdot 4 \cdot b \cdot a^2$ $= -8a + 12ba^2 = 12a^2b - 8a$

ÜBUNG 1 **Setze in den Term nacheinander die folgenden Zahlen für die Variable ein und berechne den Wert des Terms: 2 ; −1; $\frac{1}{2}$; $-\frac{1}{4}$; 0; 0,2.**

a) $x - 5$ b) $-11x + 1$ c) $-2 - 5x$ d) $-3x + 2x$ e) $-\frac{1}{2}x + \frac{1}{3}$

ÜBUNG 2 **Ordne jedem Term den passenden Text zu.**

a) das Doppelte einer Zahl multipliziert mit der Gegenzahl

b) der Vorgänger einer natürlichen Zahl

c) das Doppelte des Quadrates einer Zahl

d) der vierte Teil einer Zahl vermindert um 2

(1) $2z^2$

(2) $\frac{a}{4} - 2$

(3) $2x \cdot (-x)$

(4) $n - 1$

ÜBUNG 3 **Stelle zu jeder Rechenvorschrift einen Term auf. Bestimme die Grundmenge G und berechne den Wert des Terms für die angegebene Zahl.**

a) Subtrahiere 15 vom Quadrat einer rationalen Zahl x; $x = -15$.
b) Multipliziere −23 mit der Hälfte des Vorgängers einer natürlichen Zahl n; $n = 99$.
c) Subtrahiere den Vorgänger einer natürlichen Zahl m von deren Nachfolger; $m = 555$.

ÜBEN

WISSEN

Produkte vereinfachen

■ **Multipliziere (dividiere) ein Produkt mit einer Zahl (durch eine Zahl),** indem du den Koeffizienten mit dieser Zahl multiplizierst (durch diese Zahl dividierst). Kürze, wenn möglich!

$7 \cdot 2x = (7 \cdot 2) \cdot x = 14x$

$8a : 2 = \frac{8}{2} \cdot a = \frac{4}{1} \cdot a = 4a$

■ **Multipliziere zwei Produkte,** indem du die Koeffizienten multiplizierst und die Produkte gleicher Variablen als Potenzen schreibst.

$7x \cdot 3xy = 7 \cdot 3 \cdot x \cdot x \cdot y = 21x^2y$

$3a \cdot (-2b) \cdot 3b = 3 \cdot (-2) \cdot 3 \cdot a \cdot b \cdot b$
$= -18ab^2$

■ **Potenziere ein Produkt,** indem du jeden Faktor potenzierst und das Produkt ausschreibst. Fasse anschließend gleiche Faktoren wieder zusammen.

$(3a^2b)^2$
$= 3a^2b \cdot 3a^2b = 3 \cdot 3 \cdot a \cdot a \cdot a \cdot a \cdot b \cdot b$
$= 9a^4b^2$

ÜBUNG 4 **Vereinfache die Terme so weit wie möglich.**

a) $2 \cdot 4 \cdot x \cdot y$ b) $2x + 13x - 7x$ c) $-2 \cdot 7a + 5 \cdot a \cdot 3$
d) $x \cdot x \cdot y + 2x^2y - 2$ e) $11^2 + (2x)^3 - x^3 + x$ f) $x + 12 - 3x$
g) $y + 17x - (18x - y)$ h) $x \cdot x \cdot x + x - x^3$ i) $(2x)^3 - (-9x^3 + 7x)$

WISSEN +

Multiplizieren von Summen

■ **Multipliziere eine Summe (Differenz) mit einer Zahl,** indem du jedes Glied der Summe (Differenz) mit der Zahl multiplizierst und die Ergebnisse addierst (subtrahierst) (DG; ↗ Kap. 1.2).

$a \cdot (b + c) = a \cdot b + a \cdot c$
$a \cdot (b - c) = a \cdot b - a \cdot c$

$5 \cdot (3 + 4xy) = 5 \cdot 3 + 5 \cdot 4xy = 20xy + 15$
$3 \cdot (8 - 2x) = 3 \cdot 8 - 3 \cdot 2x = -6x + 24$

■ **Multipliziere zwei Summen (Differenzen) miteinander,** indem du jedes Glied der ersten Summe (Differenz) mit jedem Glied der zweiten Summe (Differenz) multiplizierst und die Ergebnisse zusammenfasst.

$(a + b) \cdot (c + d) = ac + ad + bc + bd$

Gleiches gilt auch für Differenzen:
$(a - b) \cdot (c + d) = ac + ad - bc - bd$
$(a + b) \cdot (c - d) = ac - ad + bc - bd$
$(a - b) \cdot (c - d) = ac - ad - bc + bd$

Vorsicht: Achte auf die Rechenzeichen!

$+ \cdot + = +$ $- \cdot - = +$
$+ \cdot - = -$ $- \cdot + = -$

ÜBUNG 5 **Multipliziere die Klammern aus.**

a) $3 \cdot (x + 4)$ b) $x \cdot (2 + 3)$ c) $(3 + 8x) \cdot x$ d) $(4x + 3) \cdot 6$
e) $(a + b) \cdot (c + d)$ f) $(r + s) \cdot (x - y)$ g) $(e - f) \cdot (g - h)$ h) $(r + s) \cdot (s - t)$

ÜBUNG 6 **Multipliziere aus und fasse, wenn möglich, zusammen.**
Beispiel: $(2x + 1) \cdot (x + 3) = 2x^2 + 6x + x + 3 = 2x^2 + 7x + 3$

a) $x \cdot (5x - 21)$ b) $14 \cdot (x - 2) + 22 - 17x$ c) $\frac{2}{3}x \cdot (-3 + x) - x^2$
d) $(8 + x) \cdot (4x + 3)$ e) $(a - 12) \cdot (3a + 2)$ f) $(ab - b) \cdot (a + b)$
g) $(9x^3 - 7x) \cdot (5 - x^2)$ h) $(x - 2) \cdot (-y + x)$ i) $3 \cdot (2x - 3) \cdot (2 + x)$

ÜBUNG 7 **Klammere gemeinsame Faktoren aus.**
Beispiel: $7a + 14a^2 - 70ab = 7a \cdot 1 + 7a \cdot 2a - 7a \cdot 10b = 7a \cdot (1 + 2a - 10b)$

a) $15x - x^2$ b) $xy + 17y - 4y^2$ c) $4ab - 2a + 16a^2$

ÜBUNG 8 **Fülle die Lücken so, dass die Rechnung stimmt.**

$(2 + x) \cdot (x - \square) = 2x - 8 + x^2 - \square \cdot x = x^2 - 2x - \square$

2.2 Gleichungen und Ungleichungen

Eine **Gleichung** besteht aus zwei Termen, die durch ein Gleichheitszeichen verbunden sind.

$120 - 3 = 117$
$12a = 144$

- Gleichungen ohne Variablen sind entweder **wahre** oder **falsche Aussagen.**

wahre Aussage: $2 = 2$
falsche Aussage: $1 = 0$

- Eine Gleichung, die eine Variable enthält, wird zu einer **Aussage,** wenn man für die Variable eine Zahl einsetzt.
- Die **Grundmenge G** beinhaltet die Zahlen, die man für die Variable einsetzen darf.

$5x - 2 = 23$
für $x = 3$: *falsche Aussage,*
denn $5 \cdot 3 - 2 = 13$ ($\neq 23$)
für $x = 5$: *wahre Aussage,*
denn $5 \cdot 5 - 2 = 23$

Eine Zahl aus der Grundmenge, die die Gleichung zu einer wahren Aussage macht, heißt **Lösung** dieser Gleichung.

5 ist die einzige Lösung der Gleichung $5x - 2 = 23$.

- Alle Lösungen zusammen bilden die **Lösungsmenge L.**

$L = \{5\}$.

- Gibt es in der Grundmenge keine Zahl, für die diese Gleichung eine wahre Aussage wird, so ist die Lösungsmenge die **leere Menge:** $L = \{\}$ oder $L = \emptyset$.

Für die Gleichung $x - 2 = x$ findet man keine Zahl, die zu einer wahren Aussage führt, also gibt es keine Lösungen und damit ist $L = \{\}$.

Gleichungen mit Äquivalenzumformungen lösen

Durch Äquivalenzumformungen kannst du eine Gleichung umformen, ohne die Lösungsmenge zu verändern.

Folgendes sind Äquivalenzumformungen:

- **Beidseitige Addition (Subtraktion)** der gleichen Zahl (des gleichen, in der Grundmenge definierten Terms).
- **Beidseitige Multiplikation** mit einer von 0 verschiedenen Zahl.
- **Beidseitige Division** durch eine von 0 verschiedene Zahl.

Mithilfe dieser Umformungen kannst du die **Variable isolieren,** die Gleichung **„nach x auflösen“**.

Löse die Gleichung
$2 \cdot (4x - 7) = x + 6 + 3x$
mithilfe von Äquivalenzumformungen:

$$
\begin{aligned}
2 \cdot (4x - 7) &= x + 6 + 3x && \mid \text{vereinfachen} \\
8x - 14 &= 4x + 6 && \mid -4x \\
8x - 14 - 4x &= 4x + 6 - 4x && \mid \text{zusammenfassen} \\
4x - 14 &= 6 && \mid +14 \\
4x - 14 + 14 &= 6 + 14 && \mid \text{zusammenfassen} \\
4x &= 20 && \mid :4 \\
x &= 5 \\
\Rightarrow L &= \{5\}
\end{aligned}
$$

Probe:
$2 \cdot (4 \cdot 5 - 7) = 5 + 6 + 3 \cdot 5$
$26 = 26$

ÜBUNG 9 **Bestimme jeweils die Lösungsmenge einmal über der Grundmenge $\mathbb{Q}$ und einmal über der Grundmenge $\mathbb{N}$.**

a) $x + 7 = 23$ b) $x + 130 = 123$ c) $34 - x = 11$

d) $22 - 2x = 11$ e) $\frac{2}{3} + x = \frac{5}{6}$ f) $0{,}3x = 1{,}8$

ÜBUNG 10 **Trage jeweils ein, welche Äquivalenzumformung auf der linken Seite der Folgezeile ausgeführt wurde und führe sie ebenfalls auf der rechten Seite aus.**

a)

$12x - 7$	$=$	149	|
$12x$	$=$		|
x	$=$		

b)

$-7x - 18{,}2$	$=$	$44{,}8$	|
$-7x$	$=$		|
x	$=$		

c)

$\frac{3}{2} \cdot x - \frac{9}{4}$	$=$	$\frac{3}{4} - \frac{1}{2}x$	|
$\frac{3}{2} \cdot x$	$=$		|
x	$=$		

d)

$-x - 5x + 17$	$=$	$x - 6{,}5$	|
$-6x$	$=$		|
$-7x$	$=$		|
x	$=$		

ÜBEN

WISSEN

Besondere Lösungsmengen

Führen Äquivalenzumformungen zu einer wahren Aussage, in der keine Variable mehr enthalten ist, so ist die Gleichung **allgemeingültig,** d. h., jede Zahl der Grundmenge ist eine Lösung der Gleichung. Ihre Lösungsmenge ist dann G.

$3x + 7 = 3(x + 3) - 2$
$3x + 7 = 3x + 9 - 2 \mid -3x$
$7 = 7$ *wahre Aussage*
$\Rightarrow L = \mathbb{Q}$
Jede beliebige rationale Zahl kann für x eingesetzt werden und führt zu einer wahren Aussage.

Führen Äquivalenzumformungen zu einer falschen Aussage, ist die Gleichung **unlösbar,** d. h., keine Zahl der Grundmenge löst die Gleichung. Die Lösungsmenge ist die leere Menge.

$2x - 5 = 2x + 4 \mid -2x$
$-5 = 4$ *falsche Aussage*
$\Rightarrow L = \{\}$
Man findet also keine rationale Zahl, die diese Gleichung löst.

ÜBUNG 11 **Bestimme die Lösungsmenge über der Grundmenge $\mathbb{Q}$.**

a) $2x - 7 = 23$ b) $-45 - 17x = -11$ c) $-2 \cdot (1 + x) = 11 - 2x$

d) $-25 = \frac{m}{4}$ e) $-0{,}5x - 4 = x + 8$ f) $87 + 2 \cdot (x - 50) = 13 \cdot (-1 + x) - 11x$

ÜBUNG 12 **Die Waage ist immer im Gleichgewicht. Beschreibe jedes Bild durch eine Gleichung und benenne die durchgeführten Äquivalenzumformungen.**

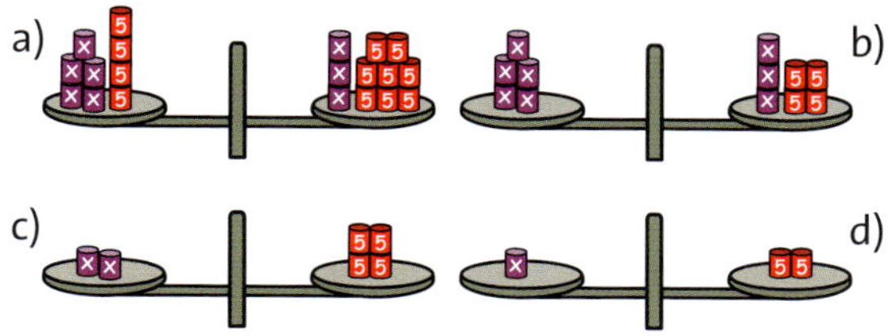

WISSEN

Lösen von Ungleichungen

Ungleichungen werden genauso gelöst wie Gleichungen: Mithilfe von Äquivalenzumformungen wird x isoliert (nach x aufgelöst), sodass du die Lösung ablesen kannst.

$2x - 5$	> 33	$\mid +5$
$2x - 5 + 5$	$> 33 + 5$	
$2x$	> 38	$\mid :2$
$2x : 2$	$> 38 : 2$	
x	> 19; also $L = \{x \mid x > 19\}$	

Probe mit $x = 20$:
$2 \cdot 20 - 5 = 35 > 33$ wahre Aussage

Achtung: Wenn du die Ungleichung mit einer **negativen Zahl** multiplizierst oder durch eine negative Zahl dividierst, musst du das **Ungleichheitszeichen umdrehen.**

$-2x$	> 10	$\mid :(-2)$
$-2x : (-2)$	$< 10 : (-2)$	
x	< -5; also $L = \{x \mid x < -5\}$	

Probe mit $x = -6$:
$-2 \cdot (-6) = 12 > 10$

Notiere die Lösungsmenge folgendermaßen: $L = \{x \mid x < a\}$ bzw. $L = \{x \mid x > a\}$.
(„Die Menge aller x, die kleiner bzw. größer als a sind.")
Führen Äquivalenzumformungen immer zu einer wahren Aussage, so ist L = G; ergibt sich eine falsche Aussage, so ist L = { }.
Die Lösungsmenge einer Ungleichung wird auf der Zahlengeraden grafisch dargestellt.

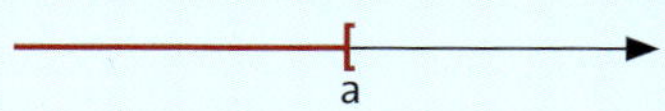

a ist ausgeschlossen: a[bzw.]a.

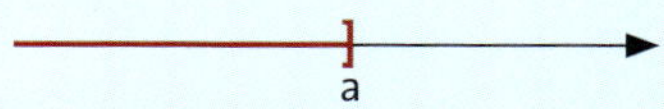

a ist eingeschlossen: a] bzw. [a.

ÜBUNG 13 **Nenne je eine Ungleichung, deren Lösungsmenge grafisch dargestellt ist.**

a) 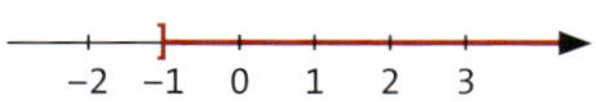

b) 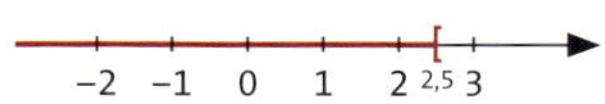

ÜBUNG 14 **Gib die Lösungsmengen der Ungleichungen an.**

a) $x - 17 < -2$

b) $-2x + 12 > -1024$

c) $-3{,}8 - 3x < 121{,}2 + 2x$

d) $5 \cdot (1{,}1 - x) \geq -40{,}5 - 2{,}7x$

e) $21 + 2 \cdot (-7 + x) > 2 \cdot (3 + x)$

f) $3 \cdot (-1 + x) > 3 \cdot (333 + x) - 1000$

ÜBEN

WISSEN

2.3 Systematisches Lösen von Problemen

Mathematische Textaufgaben und viele Probleme aus dem Alltag kannst du lösen, indem du Terme und Gleichungen aufstellst und die Lösungen bestimmst. Gehe nach folgendem Schema vor:
1. Gründlich lesen
2. Informationen zusammenstellen
3. Variablen festlegen
4. Terme aufstellen
5. Gleichung aufstellen
6. Gleichung lösen, Ergebnis deuten
7. Probe durchführen
8. Antwortsatz formulieren

1. Lies dir die Aufgabe gründlich durch. Welche Informationen brauchst du zur Lösung?	Toms Vater ist 4-mal so alt wie Tom. Der Altersunterschied beträgt 27 Jahre. Wie alt sind Tom und sein Vater?
2. Wo findest du die benötigten Informationen im Text? Markiere die Informationen.	Toms Vater ist 4-mal so alt wie Tom. Der Altersunterschied beträgt 27 Jahre. Wie alt sind Tom und sein Vater?
3. Lege die Bedeutung der Variablen fest.	x: Toms Alter in Jahren
4. Übertrage die Informationen des Textes in **Terme.**	Das Alter des Vaters ist demnach $4 \cdot x$. Tom ist 27 Jahre jünger, also ergibt Toms Alter plus 27 das Alter des Vaters: $x + 27$
5. Überlege, welche Terme gleich sein müssen. Stelle Verbindungen her und übersetze so die Aufgabenstellung in eine Gleichung.	Zwei Terme beschreiben das Alter des Vaters, diese müssen also denselben Wert haben: $x + 27 = 4x$
6. Löse die Gleichung mithilfe von **Äquivalenzumformungen** nach x auf. Was bedeutet das Ergebnis?	$x + 27 = 4x \mid -x$ $27 = 3x \mid :3$ $9 = x$ (Toms Alter) $\Rightarrow 4 \cdot x = 36$ (Alter des Vaters)
7. Führe eine **Probe** durch: Setze die Lösung in die Gleichung ein und rechne nach, ob sich eine wahre Aussage ergibt.	$9 + 27 = 4 \cdot 9$ $36 = 36$
8. Beantworte die Frage mit einem **Antwortsatz.** Beziehe deine mathematische Lösung so auf die Aufgabenstellung.	Tom ist 9 und sein Vater ist 36 Jahre alt.

ÜBUNG 15 **Justins Vater ist 5-mal so alt wie Justin und Justin ist 32 Jahre jünger als sein Vater. Wie alt sind die beiden?**

a) Wähle x für Justins Alter in Jahren und orientiere dich an dem Beispiel auf der vorigen Seite.
b) Wähle nun y für das Alter des Vaters in Jahren und löse die Aufgabe. (Tipp: Du musst das gleiche Ergebnis erhalten.)

ÜBUNG 16 **Johanna und Emily vergleichen ihre Murmel-Sammlung. Johanna hat 7-mal so viele Murmeln wie Emily, zusammen haben sie 120. Wie viele Murmeln hat Emily, wie viele Johanna?**

a) Wähle x für die Anzahl von Emilys Murmeln, stelle die Gleichung auf und löse sie.
b) Wähle nun y für die Anzahl von Johannas Murmeln und löse die Aufgabe. (Tipp: Du musst das gleiche Ergebnis erhalten.)

ÜBUNG 17 **Nele hat Geburtstag und hat sich Geld gewünscht.**

a) Von ihrer Oma bekommt sie 50 € geschenkt, von ihrer Tante halb so viel. Nun hat sie ein Viertel des Geldes, das sie benötigt, um sich ihr gewünschtes Fahrrad zu kaufen. Wie viel kostet das Fahrrad?
b) Im nächsten Jahr bekommt sie wieder von ihrer Tante halb so viel wie von ihrer Oma. Damit hat sie ein Drittel des Geldes, das sie für ihren Reitkurs benötigt, der 270 € kostet. Stelle eine Gleichung auf, mit deren Hilfe man berechnen kann, wie viel sie jeweils von ihrer Oma und von ihrer Tante bekommen hat.

WISSEN

Geometrische Probleme mithilfe von Skizzen lösen
Bei geometrischen Fragestellungen und vielen anderen Textaufgaben ist es sinnvoll, sich den Sachverhalt anhand einer Skizze zu verdeutlichen.
Übertrage die Angaben des Textes in eine Handskizze und entwickle daraus Terme und Gleichungen.

Die Skizze muss nicht maßstabsgetreu und nicht perfekt gezeichnet sein. Wichtig ist, dass sie den Sachverhalt verdeutlicht.

Ein gleichschenkliges Dreieck hat den Umfang 13 cm. Jeder Schenkel ist 2 cm länger als die Grundseite. Wie lang sind die Seiten des Dreiecks?

x: Länge der Grundseite in cm

$U = x + (x + 2) + (x + 2)$
$13 = 3x + 4 \quad | -4$
$9 = 3x \quad | :3$
$3 = x$
Die Grundseite ist also 3 cm und jeder Schenkel 5 cm lang.

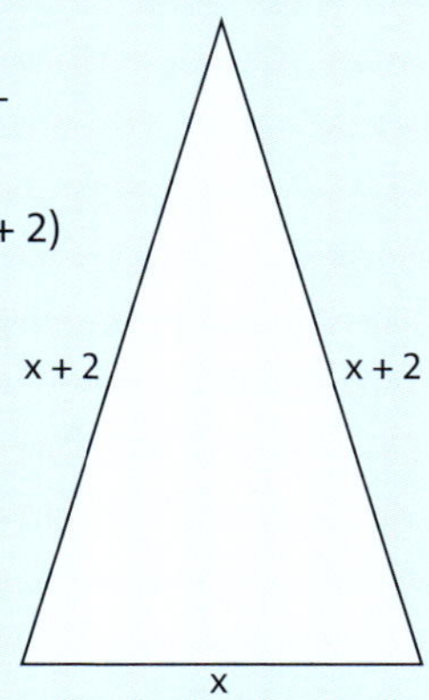

ÜBUNG 18 **In einem gleichschenkligen Dreieck ist die Grundseite halb so lang wie ein Schenkel. Der Umfang des Dreiecks beträgt 35 cm. Wie lang sind die Seiten? Wähle x für die Länge der Grundseite in Zentimetern.**

ÜBUNG 19 **Ein Rechteck mit dem Umfang 72 cm ist doppelt so lang wie breit. Fertige eine Skizze an, wähle x als die Länge der kürzeren Seite und ermittle die Seitenlängen.**

ÜBUNG 20 **Ein Quader hat eine Kantenlänge von insgesamt 440 cm. Der Quader ist doppelt so lang wie breit und 3-mal so breit wie hoch. Berechne die Kantenlängen des Quaders.**

ÜBUNG 21 **Moritz und Eric haben gemeinsam 900 € im Lotto gewonnen. 150 € wollen sie spenden und den Rest so aufteilen, dass Moritz doppelt so viel bekommt wie Eric. Wie viel Euro bekommt Moritz, wie viel Eric?**

ÜBUNG 22 **Die Summe zweier natürlicher Zahlen beträgt 120. Wie lauten die Zahlen, wenn …**

a) die eine Zahl doppelt so groß ist wie die andere?
b) die eine Zahl 5-mal so groß ist wie die andere?
c) die eine Zahl ein Drittel der anderen Zahl ist?

ÜBEN

ÜBUNG 23 **Ein Unternehmen stellt quaderförmige Plastikboxen her. Die Boxen sollen doppelt so lang wie breit und 30 cm hoch sein.**

a) Welchen Flächeninhalt hat der Boden der Box, wenn sein Umfang 210 cm beträgt?
b) Welche Maße muss die Box haben, wenn ihr Volumen 37 500 cm^3 betragen soll?
(Hinweis: Das Volumen V eines Quaders mit den Kantenlängen a, b, c berechnet man mit $V = a \cdot b \cdot c$.)

ÜBUNG 24 **Finn macht sich abends zu Fuß auf den Weg ins Kino. Er legt in einer Minute 100 m zurück. Seine Schwester stellt fest, dass Finn sein Geld vergessen hat und fährt 6 Minuten später auf ihren Inlineskatern los, um es ihm noch zu geben. Dabei fährt sie mit einer Geschwindigkeit von 250 m pro Minute.**

a) Wie lange braucht Finns Schwester, um ihn einzuholen?
b) Wie weit sind die beiden dann von zu Hause entfernt?

(Hinweis: Falls du nicht weiter kommst, wähle t für die Zeit in Minuten, die die Schwester unterwegs ist. Finns Schwester legt in t Minuten die Strecke $250\,m \cdot t$ zurück. Finn ist 6 Minuten früher gestartet, also legt er die Strecke $100\,m \cdot (t + 6)$ zurück. Finns Schwester holt ihn ein, wenn sie die gleiche Strecke zurückgelegt haben.)

45 Minuten

KLASSENARBEIT 1

AUFGABE 1 **Berechne den Wert des Terms für $x = 2$; $y = -3$ und $z = \frac{2}{3}$.**

a) $2x + y$ b) $-2x - y + z$ c) $\frac{2}{3}x \cdot (-1 + z) - y^2$

AUFGABE 2 **Stelle zu jeder Rechenvorschrift einen Term auf und vereinfache ihn so weit wie möglich.**

a) Addiere −7 zu einer rationalen Zahl, multipliziere das Ganze mit 3 und subtrahiere 7.
b) Multipliziere −12 mit dem Nachfolger einer natürlichen Zahl.

AUFGABE 3 **Fasse die Terme so weit wie möglich zusammen.**

a) $2x + 5 - 7x - 16$
b) $22a - (18a - 3ab)$
c) $0{,}3x^2 - 0{,}1x \cdot (2 - x) + x$

AUFGABE 4 **Multipliziere aus und fasse, wenn möglich, zusammen.**

a) $(2 + a) \cdot (4a + 7)$
b) $(a - 11) \cdot (11a + 7)$
c) $(2x^2 - 3x) \cdot (2 + x)$

AUFGABE 5 **Bestimme die Lösungsmenge über der Grundmenge $\mathbb{Q}$.**

a) $2x - 77{,}5 = 11{,}5$ b) $3x - 13 = 39 - 10x$
c) $-3 \cdot (2 + 2x) = 9 - x$ d) $2x - 67 < 5x + 32$

AUFGABE 6 **Sabine hat Geburtstag. Sie ist nun 5-mal so alt wie vor 40 Jahren. Wie alt ist sie?**

AUFGABE 7 **Tarik liest ein Buch und stellt fest: Wenn ich die Seitenzahlen auf diesen beiden aufeinander folgenden Seiten addiere, ergibt sich 249. Welches ist die Seitenzahl auf der linken Seite?**

AUFGABE 8 **In einem gleichschenkligen Dreieck mit den Basiswinkeln α und β ist γ um 30° größer als α. Wie groß sind die Winkel? (Tipp: Die Summe der drei Innenwinkel eines Dreiecks beträgt 180° (↗ Kap. 6.1).)**

TESTEN

KLASSENARBEIT 2

60 Minuten

AUFGABE 9 **x sei eine Zahl. Schreibe einen Term für ...**

a) das Doppelte dieser Zahl.
b) die um 7 vermehrte Zahl.
c) das Dreifache der Zahl vermindert um 2.
d) das Quadrat dieser Zahl.
e) die um $\frac{4}{7}$ verminderte Zahl.
f) den siebenten Teil dieser Zahl.
g) die dritte Potenz dieser Zahl.
h) die Summe aus dem Fünffachen dieser Zahl und 9,5.
i) das Reziproke des Vierfachen dieser Zahl.

AUFGABE 10 **Schreibe die gegebenen Terme als Aufgabentext bzw. Rechenvorschrift.**

a) $2{,}8 \cdot x - 4$ b) $|x + y|$ c) $\frac{3x + 5}{x}$
d) $(x - y)^2$ e) $(a + b) \cdot (a - b)$ f) $5x - 3y$

AUFGABE 11 **Löse die Klammern auf und fasse zusammen.**

a) $12x - 3 - (-3x) + 12$ b) $x + 4 \cdot (x + 10)$ c) $u - v - (3u - 2v)$
d) $10a + 20 - (40a - 60)$ e) $(t + 12) \cdot t + 7$ f) $(t + 12) \cdot (t + 7)$

AUFGABE 12 **Löse die Gleichungen und Ungleichungen über der Grundmenge $\mathbb{Q}$.**

a) $8x - 5 = 2x + 19$ b) $2 \cdot (5y - 7) - 5 \cdot (7y + 2) = 0$
c) $x < \frac{x}{2} + \frac{x}{3} + 7$ d) $\frac{1}{2} \cdot 2x - 5 = \frac{3}{4} \cdot (4x - 2)$

AUFGABE 13 **Löse die folgenden Gleichungen über $\mathbb{Q}$ und diskutiere das Ergebnis.**

a) $8 \cdot (4{,}5x - 9) = 6 \cdot (6x - 12)$ b) $|9a| + 13{,}2 = 10$

AUFGABE 14 **Wenn man zu einer positiven Zahl ihr Doppeltes und ihr Dreifaches addiert, so ergibt sich das Quadrat der Zahl. Welche Zahl kann das sein?**

AUFGABE 15 **Ein quaderförmiger Tank steht auf seiner kleinsten Fläche. Seine Innenmaße sind 2 m, 4 m und 5 m. Wie hoch steht Wasser im Tank, wenn er 300 hl enthält? (Tipp: Eine Zeichnung hilft dir.)**

TESTEN

60 Minuten

KLASSENARBEIT 3

AUFGABE 16 **Stelle die Terme zu den folgenden Aussagen auf.**

a) Vermindere das Vierfache einer Zahl um 16.
b) Bilde die dritte Potenz der Differenz zweier Zahlen.
c) Bilde das Produkt zweier aufeinanderfolgender natürlicher Zahlen.
d) Bilde das Produkt zweier aufeinanderfolgender gerader Zahlen.

AUFGABE 17 **Setze in die gegebenen Terme nacheinander die Zahlen 0; −2,5; 0,6; 7 und $\frac{2}{5}$ ein und berechne die Werte der Terme. Fertige eine Tabelle an.**

a) $3a - 5$ b) $7 - 2k$ c) $|m| \cdot (m - 1)$ d) $|3g - 5|$
e) $(x + 3) \cdot (x - 3)$ f) $y - y^2$ g) $\frac{2}{x}$ h) $\frac{a+1}{a-1}$

AUFGABE 18 **Sind die Terme gleichwertig oder nicht? Entscheide und begründe.**

a) $3x$ und $x \cdot x \cdot x$ b) $(3abc)^3$ und $27a^3b^3c^3$
c) $4x + 7y$ und $28xy$ d) $(7 - 3b)\,b$ und $7b - 3b^2$

AUFGABE 19 **Thomas ist 4 Jahre älter als Susanne. Zusammen sind beide 94 Jahre alt. Wie alt sind die beiden?**

AUFGABE 20 **Löse die Klammern auf und fasse zusammen.**

a) $7a - 4a + 5 - (3a + 12)$ b) $4m - (6n + 7{,}5m - 13) + 13 - 9n$
c) $-(a + b) - (7a + 5b - 5) - 12a$ d) $-4{,}5(4x - 2y) + 3(2{,}8x - 3y) - 5x$

AUFGABE 21 **Löse die Gleichungen und Ungleichungen über der Grundmenge $\mathbb{Q}$.**

a) $3{,}7x + 8{,}9 = 7{,}1 + 4{,}6x$ b) $\frac{3}{4}x + 18 = \frac{5}{8}x - 7$
c) $2{,}6a - 1{,}4 + 4a > 1{,}6a + 0{,}5$ d) $8 \cdot (3x - 6) = 6 \cdot (4x - 8)$

AUFGABE 22 **In einem Dreieck ABC ist α das Doppelte von γ und β ist ein Drittel von γ. Wie groß sind die drei Innenwinkel? (Tipp: Du brauchst den Innenwinkelsatz (↗ Kap. 6.1).)**

AUFGABE 23 **Dividiert man eine bestimmte Zahl durch 3 und subtrahiert 11, dann erhält man das Vierfache der Zahl. Welche Zahl erfüllt die Bedingung?**

TESTEN

3 Prozent- und Zinsrechnung

3.1 Der Prozentbegriff

Anteile vom Ganzen werden oft in **Prozent (%)** angegeben. Prozent bedeutet „Hundertstel“. Eine Prozentangabe (p %) ist also dasselbe wie ein Bruch mit dem Nenner 100. *Merke:* p % ist gleichbedeutend mit $\frac{p}{100}$.	Ein Prozent ist *ein Hundertstel* vom Ganzen. Fünf Prozent sind *fünf Hundertstel* vom Ganzen. $1\,\% = \frac{1}{100}$; $5\,\% = \frac{5}{100}$ usw.
Die Aufgabe „Berechne p % von 700 €“ ist somit gleichbedeutend mit der Aufgabe: „Berechne $\frac{p}{100}$ von 700 €.“	5 % von 700 € sind $\frac{5}{100}$ von 700 €, also $\frac{5}{100} \cdot 700\,€ = 35\,€$ Oder du rechnest: 1 % von 700 € ist 7 €; 5 % von 700 € sind dann $5 \cdot 7\,€ = 35\,€$.
Mithilfe von Prozentangaben wird der Vergleich von Anteilen leichter, denn man vergleicht immer Brüche mit dem Nenner 100.	12 % von einem Ganzen sind mehr als 8 %, denn $\frac{12}{100} > \frac{8}{100}$.
Durch diese Vereinheitlichung kannst du Anteile direkt vergleichen. Du musst die entsprechenden Brüche nur auf den Nenner 100 erweitern oder kürzen.	Vergleiche die Anteile $\frac{6}{20}$ und $\frac{5}{25}$. $\frac{6}{20} = \frac{30}{100} = 30\,\%$ und $\frac{5}{25} = \frac{20}{100} = 20\,\%$. Also: $\frac{6}{20} > \frac{5}{25}$, denn 30 % > 20 %.
Um umgekehrt eine Prozentangabe als Bruch darzustellen, schreibst du sie zunächst als Bruch mit dem Nenner 100 und kürzt dann so weit wie möglich.	$65\,\% = \frac{65}{100} = \frac{13}{20}$ $2{,}5\,\% = \frac{2{,}5}{100} = \frac{25}{1\,000} = \frac{1}{40}$ $125\,\% = \frac{125}{100} = \frac{5}{4}$
Du weißt bereits, dass Brüche auch in Dezimalzahlen umgewandelt werden können. Dasselbe gilt natürlich auch für Prozentangaben.	$5\,\% = \frac{5}{100} = 0{,}05$ $38\,\% = \frac{38}{100} = 0{,}38$ $109\,\% = \frac{109}{100} = 1{,}09$

ÜBUNG 1 **Berechne und gib das Ergebnis in Prozentschreibweise an.**

a) $\frac{43}{100} = \square\,\%$ b) $\frac{13}{50} = \frac{\square}{100} = \square\,\%$ c) $\frac{8}{20} = \frac{\square}{100} = \square\,\%$

ÜBUNG 2 **Schreibe als Bruch und kürze, wenn möglich.**

a) $15\,\% = \frac{\square}{100} = \frac{\square}{\square} = \frac{\square}{\square}$ b) $25\,\% = \frac{\square}{100} = \frac{\square}{\square} = \frac{\square}{\square}$

c) $60\,\% = \frac{\square}{100} = \frac{\square}{\square} = \frac{\square}{\square}$ d) $75\,\% = \frac{\square}{100} = \frac{\square}{\square} = \frac{\square}{\square}$

e) $150\,\% = \frac{\square}{100} = \frac{\square}{\square} = \frac{\square}{\square}$ f) $250\,\% = \frac{\square}{100} = \frac{\square}{\square} = \frac{\square}{\square}$

ÜBUNG 3 **Schreibe zunächst als Bruch und gib das Ergebnis als Dezimalzahl an.**

a) $7\,\% = \frac{\square}{100} = 0{,}07$ b) $23\,\% = \frac{\square}{100} = \square$ c) $44\,\% = \frac{\square}{100} = \square$

d) $115\,\% = \frac{\square}{\square} = \square$ e) $11{,}8\,\% = \frac{\square}{\square} = \square$ f) $0{,}5\,\% = \frac{\square}{\square} = \square$

ÜBUNG 4 **Gib die folgenden Anteile als Bruchzahl und in Prozentschreibweise an.**

a) 8 von 10 sind $\frac{8}{10} = \frac{\square}{100} = \square\,\%$ b) 19 von 20 sind $\frac{\square}{20} = \frac{\square}{100} = \square\,\%$

c) 50 von 250 sind $\frac{\square}{\square} = \frac{\square}{\square} = \square\,\%$ d) 60 von 3000 sind $\frac{\square}{\square} = \frac{\square}{\square} = \square\,\%$

ÜBUNG 5 **Welche Zahl ist größer oder kleiner? Trage > oder < ein.**

a) $4\,\% \;\square\; 7\,\%$ b) $25\,\% \;\square\; \frac{1}{5}$ c) $0{,}75 \;\square\; \frac{7}{5}$

d) $\frac{3}{5} \;\square\; \frac{52}{80}$ e) $7{,}8 \;\square\; 7{,}8\,\%$ f) $\frac{99}{100} \;\square\; \frac{9}{11}$

ÜBEN

ÜBEN

WISSEN

Prozentangaben für häufig vorkommende Anteile
Diese bequemen Prozentsätze solltest du dir unbedingt merken, dann fällt dir das Rechnen leichter:

$\frac{1}{2} = 50\,\%$ $\frac{1}{3} = 33\frac{1}{3}\,\% = 33{,}\overline{3}\,\%$ $\frac{1}{4} = 25\,\%$ $\frac{1}{5} = 20\,\%$

$\frac{1}{8} = \frac{125}{1000} = 12{,}5\,\%$ $\frac{1}{10} = 10\,\%$ $\frac{1}{1} = 100\,\%$ $\frac{2}{1} = 200\,\%$

Beispiel: 20 % von 25 ist gleichbedeutend mit $\frac{1}{5}$ von 25 und das sind 5.

ÜBUNG 6 **Welcher Anteil der Fläche ist gefärbt? Gib den Anteil in Bruchschreibweise und in Prozent an.**

a) 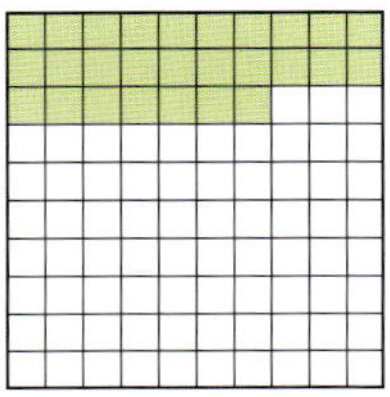

gefärbter Teil:

$\frac{\square}{100} = \square\,\%$

b) 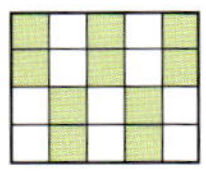

gefärbter Teil:

$\frac{\square}{20} = \frac{\square}{\square}$

$= \square\,\%$

c) 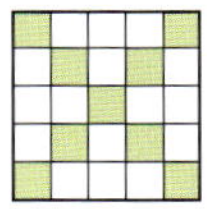

gefärbter Teil:

$\frac{\square}{\square} = \frac{\square}{\square}$

$= \square\,\%$

d) 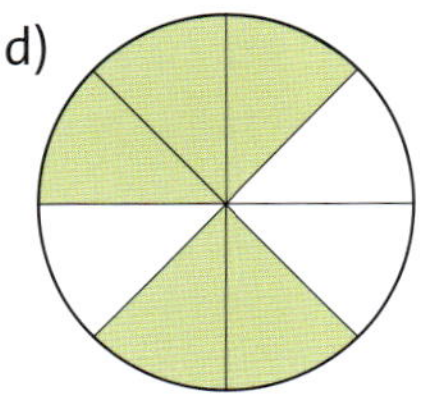

gefärbter Teil:

$\frac{\square}{\square} = \square\,\%$

ÜBUNG 7 **Die unten abgebildeten Figuren sind unvollständig. Übertrage sie in dein Übungsheft und vervollständige sie. Es gibt jeweils mehrere Lösungsmöglichkeiten.**

a) 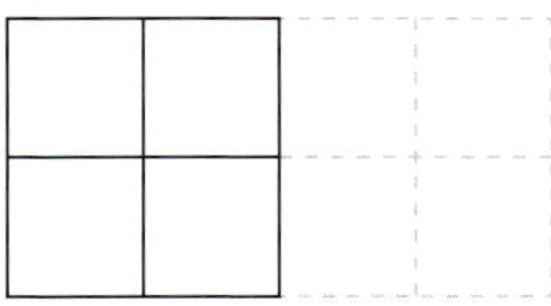

50 %

b) 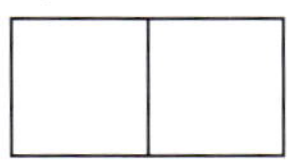

40 %

c) 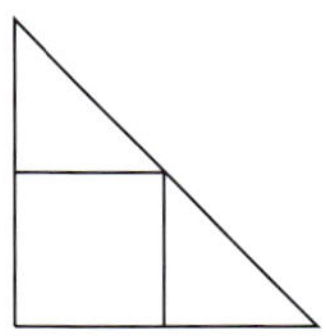

25 %

d) 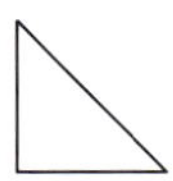

20 %

ÜBUNG 8 **Ben und Jakob spielen Fußball. Ben schießt 30-mal auf das Tor und trifft 21-mal. Jakob schießt 20-mal und trifft das Tor 13-mal. Wer hat die höhere Trefferquote?**

3.2 Prozentsatz – Prozentwert – Grundwert

Prozentangaben beziehen sich immer auf eine Bezugsgröße, den **Grundwert G** (das Ganze).

- Der Grundwert G entspricht 100 %.
- Der **Prozentwert W** gibt an, um wie viel (konkrete Zahl) vom Grundwert es geht.
- Der **Prozentsatz p %** gibt an, wie groß der Anteil dieser Zahl am Grundwert ist.
- **p** heißt **Prozentzahl** oder **Prozentpunkt.**

Merke:

- Grundwert G = das Ganze (= 100 %)
- Prozentwert W = Teil des Ganzen
- Prozentsatz p % = Anteil am Ganzen

1 % von G ist $\frac{1}{100} \cdot G = \frac{G}{100}$

$\underbrace{5\,\%}_{\text{Prozentsatz}}$ von $\overbrace{120}^{\text{Grundwert}}$ sind $\frac{5}{100} \cdot 120 = \frac{5 \cdot 120}{100} = \underbrace{6}_{\text{Prozentwert}}$

38 % von **200 m** sind **76 m**.

(38 % → Prozentsatz; 200 m → Grundwert; 76 m → Prozentwert)

Der Zusammenhang zwischen Grundwert, Prozentwert und Prozentsatz wird durch die **Grundgleichung der Prozentrechnung** deutlich.

Mit dieser Gleichung berechnest du den **Prozentsatz:**

$\mathbf{p\,\% = \frac{W}{G}}$, anders ausgedrückt: $\mathbf{\frac{p}{100} = \frac{W}{G}}$

18 von 30 Schülern treiben in ihrer Freizeit Sport.
Gegeben: G = 30; W = 18
Gesucht: p %

$p\,\% = \frac{W}{G} = \frac{18}{30} = \frac{6}{10} = \frac{60}{100} = 60\,\%$

60 % der Schüler treiben in ihrer Freizeit Sport.

Willst du den **Prozentwert W** berechnen, verwende die folgende Formel:

$W = p\,\% \cdot G$ bzw. $\mathbf{W = \frac{p \cdot G}{100}}$

56 % der 75 Mitglieder sind anwesend.
Gegeben: p % = 56 %; G = 75
Gesucht: W

$W = \frac{p \cdot G}{100} = \frac{56 \cdot 75}{100} = 42$

42 Mitglieder sind anwesend.

Willst du den **Grundwert G** berechnen, so verwende die folgende Formel:

$G = \frac{W}{p\,\%}$ bzw. $\mathbf{G = \frac{W \cdot 100}{p}}$

Ein neugeborener Elefant wiegt ca. 90 kg, das sind etwa 3 % der Masse eines erwachsenen Elefanten.
Gegeben: W = 90; p % = 3 %
Gesucht: G

$G = \frac{W \cdot 100}{p} = \frac{90\,\text{kg} \cdot 100}{3} = 3\,000\,\text{kg}$

Ein erwachsener Elefant wiegt etwa 3 000 kg.

ÜBUNG 9 **Berechne den Prozentsatz im Kopf.**

a) W = 4; G = 8 — p % = ___ %
b) W = 5; G = 20 — p % = ___ %
c) W = 9; G = 12 — p % = ___ %

ÜBUNG 10 **Berechne den Prozentsatz in deinem Übungsheft. Verwende die entsprechende Formel.**

a) W = 24; G = 200
b) W = 60; G = 1 500
c) W = 396; G = 720
d) W = 559; G = 860
e) W = 61,2; G = 72
f) W = 12; G = 250

ÜBUNG 11 **Berechne den Prozentwert im Kopf.**

a) p % = 50 %; G = 300 — W = ___
b) p % = 25 %; G = 60 — W = ___
c) p % = 20 %; G = 80 — W = ___

ÜBEN

ÜBUNG 12 **Berechne den Prozentwert in deinem Übungsheft. Verwende die entsprechende Formel.**

a) p % = 5 %; G = 600
b) p % = 13 %; G = 300
c) p % = 28 %; G = 1 100
d) p % = 14 %; G = 875
e) p % = 2,5 %; G = 400
f) p % = 0,9 %; G = 215,5

ÜBUNG 13 **Berechne den Grundwert im Kopf.**

a) W = 16; p % = 50 % — G = ___
b) W = 35; p % = 25 % — G = ___
c) W = 12 und p % = 2 % — G = ___

ÜBUNG 14 **Berechne den Grundwert in deinem Übungsheft. Verwende die entsprechende Formel.**

a) W = 154; p % = 14 %
b) W = 324; p % = 36 %
c) W = 162; p % = 9 %
d) W = 140; p % = 14 %
e) W = 140; p % = 2,5 %
f) W = 103,5; p % = 7,5 %

ÜBUNG 15 **Überlege dir zunächst, ob du Prozentwert, Prozentsatz oder Grundwert berechnen sollst, und berechne dann.**

a) 17,1 % von 200 kg
b) 80,5 % von 600 €
c) 40 m von 820 cm
d) 250 kg von 2 t
e) $16\frac{2}{3}$ % sind 40 m^2.
f) 175 % sind 2 100 €.

WISSEN

Lösen einer Textaufgabe
Zum Lösen einer Textaufgabe verwende das folgende Schema:

1. **Verstehen:** Was ist gegeben? Was ist gesucht?
2. Aufstellen und **Lösen der Gleichung.**
3. **Rückblick:** Überprüfe, ob das Ergebnis zu deiner Aufgabe passen kann.
4. **Antwortsatz** formulieren.

Eine Autobahnstrecke wird in zwei Bauabschnitten erneuert. Der erste Abschnitt umfasst 60 % der Streckenlänge, nämlich 12 km. Berechne die Länge der Strecke s, die im zweiten Bauabschnitt erneuert wird.
Gegeben: $p\,\% = 60\,\%$; $W = 12\,\text{km}$
Gesucht: G, um s zu berechnen

$$G = \frac{W \cdot 100}{p} = \frac{12\,\text{km} \cdot 100}{60} = 20\,\text{km}$$

Die Länge der gesamten Autobahnstrecke beträgt also 20 km.
$s = 20\,\text{km} - 12\,\text{km} = 8\,\text{km}$
Die Länge der Strecke des 2. Bauabschnitts beträgt 8 km.

ÜBUNG 16 **Berechne in deinem Übungsheft.**

a) In einer Firma arbeiten 140 Personen. 55 % davon sind Männer. Wie viele Frauen arbeiten dort?
b) Von den 140 Mitabeitern sind 42 im Büro tätig. Wie viel Prozent entspricht das?
c) In einer anderen Firma sind ebenfalls 42 Personen im Büro tätig. Das sind 24 % der gesamten Mitarbeiter. Wie viele Beschäftigte hat der Betrieb?

ÜBUNG 17 **Die Jugendgruppe einer Kirchengemeinde besteht zu Jahresbeginn aus 27 Mädchen und 18 Jungen.**

a) Wie viel Prozent aller Mitglieder sind Mädchen (Jungen)?
b) Wie verändert sich der prozentuale Anteil der Mädchen (Jungen), wenn im Laufe des Jahres 3 Mädchen neu hinzukommen?

ÜBEN

WISSEN

Prozentrechnen und Dreisatz
Auch mit dem Dreisatz (↗ Kap. 4.2) kannst du Prozentrechnungen lösen.

Beispiel: Emma hat sich ein neues Fahrrad gekauft. Es hat nur noch 75 % des normalen Preises gekostet. Sie hat 150 € dafür bezahlt. Wie teuer war das Rad vor der Preisreduzierung?

75 %	≙	(„entsprechen“)	150 €
1 %	≙		2 €
100 %	≙		200 €

Das Fahrrad hat vor der Preisreduzierung 200 € gekostet.

ÜBUNG 18 **Berechne in deinem Übungsheft.**

a) Niko kauft sich Inlineskaters, die um 30 % des Originalpreises reduziert wurden. Er bezahlt noch 70 €. Wie viel Euro hat Niko gespart?
b) Der Preis für Lennarts Jeans wurde um 15 % auf 68 € gesenkt. Wie viel Euro Rabatt (Preisnachlass) hat er bekommen?
c) Nach einer Preiserhöhung um 17 % kostet eine Stereoanlage 175,50 €. Wie viel hat sie vorher gekostet?

ÜBUNG 19 **Eine Sonderpackung Muffins hat 50 % mehr Inhalt als die Originalpackung. Die Sonderpackung enthält 6 Muffins. Wie viele Muffins sind in der normalen Packung?**

WISSEN

Kreisdiagramme
Anteile kann man gut in Kreisdiagrammen veranschaulichen.
Der **Vollkreis** (360 °) entspricht dem Grundwert G (100 %).
Für jeden **Prozentsatz** wird ein **Kreissegment** gekennzeichnet, das den entsprechenden prozentualen Anteil am Vollkreis hat.

Um selbst ein Kreisdiagramm zu zeichnen, musst du für jeden Prozentsatz p % berechnen, welcher Mittelpunktswinkel ihm entspricht.

Beispiel: Ein Anteil von 25 % wird so dargestellt:
100 % ≙ 360°
1 % ≙ 3,6°
25 % ≙ 90°

Ebenso gilt:
35 % ≙ 126°
22 % ≙ 79,2° (≈ 79°)
18 % ≙ 64,8° (≈ 65°)

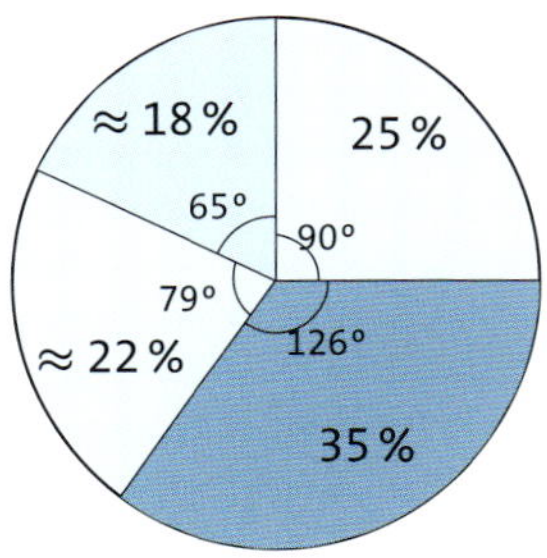

ÜBEN

ÜBUNG 20 **Lauras Lieblingsmüsli besteht aus 35 % Trockenfrüchten, 30 % Haferflocken, 25 % Cornflakes und 10 % Rosinen.**

a) Erstelle in deinem Übungsheft ein Kreisdiagramm mit diesen Prozentsätzen.
b) Überlege dir, wie du diese Werte in das unten abgebildete Streifendiagramm eintragen kannst.

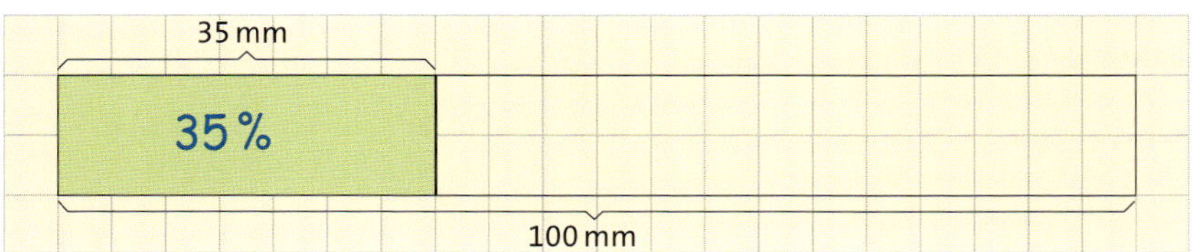

3.3 Zinsen und Zinseszinsen

Zinsen werden mithilfe der Prozentrechnung berechnet. Es werden lediglich andere Begriffe verwendet.

Kapital K ≙ Grundwert G
Zinssatz p % ≙ Prozentsatz p %
Zinsen Z ≙ Prozentwert W

Den Zinssatz p % berechnest du mit der folgenden Formel:

$\mathbf{p\,\% = \frac{Z}{K}}$ bzw. $\frac{p}{100} = \frac{Z}{K}$

Die Berechnung des Zinssatzes entspricht also der Berechnung des Prozentsatzes.

Herr Fey hat ein Guthaben von 4 000 € auf seinem Sparbuch. Am Jahresende erhält er 100 € Zinsen. Berechne den Zinssatz.

$p\,\% = \frac{Z}{K} = \frac{100\,€}{4000\,€} = \frac{25}{1000} = \frac{2{,}5}{100} = 2{,}5\,\%$

Der Zinssatz beträgt 2,5 %.

Willst du die **Zinsen Z** berechnen, so verwende die folgende Formel:

$Z = K \cdot p\,\%$ bzw. $\mathbf{Z = \frac{K \cdot p}{100}}$

Die Berechnung der Zinsen für ein Jahr entspricht also der Berechnung des Prozentwertes.

Lena hat zum Jahresbeginn 1 200 € auf dem Sparbuch. Der Zinssatz beträgt 3,5 %. Wie viel Zinsen erhält sie Ende des Jahres?

$Z = \frac{K \cdot p}{100} = \frac{1200\,€ \cdot 3{,}5}{100} = 42\,€$

Lena erhält Ende des Jahres 42 € Zinsen.

Willst du das **Kapital K** berechnen, so verwende die Formel:

$K = \frac{Z}{p\,\%}$ bzw. $\mathbf{K = \frac{Z \cdot 100}{p}}$

Die Berechnung des Kapitals entspricht also der Berechnung des Grundwertes.

Eine Firma leiht sich von einer Bank Geld zu einem Zinssatz von 8 %. Nach einem Jahr sind 240 € Zinsen zu zahlen.
Wie hoch ist der geliehene Betrag?

$K = \frac{Z \cdot 100}{p} = \frac{240\,€ \cdot 100}{8} = 3000\,€$

Die Firma hat sich 3 000 € geliehen.

Nach einem Jahr erhöht sich das Guthaben um die Zinsen. Für die Zinsen erhält man ebenfalls wieder Zinsen, die **Zinseszinsen.**

Das Guthaben, das aus dem Kapital nach mehreren Jahren erwächst, berechnet man entweder **Jahr für Jahr** (vgl. rechtes Beispiel) **oder** durch wiederholte Multiplikation des Kapitals mit dem Faktor $\left(1 + \frac{p}{100}\right)$.

Für zwei Jahre muss man also rechnen:

$K_2 = K \cdot \left(1 + \frac{p}{100}\right) \cdot \left(1 + \frac{p}{100}\right)$

Ein Kapital von 1 500 € wird zu einem Zinssatz von 6 % angelegt. Auf welchen Betrag ist das Kapital nach **zwei Jahren** angewachsen?

$Z = \frac{K \cdot p}{100} = \frac{1500\,€ \cdot 6}{100} = 90\,€$

Ende 1. Jahr:
1 500 € + 90 € = **1 590 €**

$Z = \frac{K \cdot p}{100} = \frac{\mathbf{1590\,€} \cdot 6}{100} = 95{,}40\,€$

Ende 2. Jahr:
1 590 € + 95,40 € = **1 685,40 €**

WISSEN

ÜBUNG 21 **Berechne die fehlenden Angaben in deinem Übungsheft.**

Kapital K in €	600	800		7124
Zinssatz	3 %		2 %	1,5 %
Jahreszinsen in €		40	24	

ÜBUNG 22 **Anfang 2016 hast du ein Guthaben von 1 000 € auf dem Sparbuch. Das Geld bleibt bei einem Zinssatz von 3 % bis 2019 auf der Bank. Berechne mithilfe der Tabelle schrittweise, auf welchen Betrag das Guthaben in dieser Zeit anwächst.**

Beispiel: Zinsen im Jahr 2016: $Z = \frac{K \cdot p}{100} = \frac{1000\,€ \cdot 3}{100} = 30\,€$

Guthaben (mit Zinsen) Ende 2016: 1 000 € + 30 € Zinsen = 1 030 €

Jahr	Guthaben am Jahresanfang	Zinsen	Guthaben am Jahresende
2016	1 000 €	30 €	1030 €
2017	1030 €		
2018			
2019			

ÜBEN

WISSEN

Monats- und Tageszinsen
Üblicherweise bezieht sich der Zinssatz auf ein Jahr (Jahreszinssatz). Man kann allerdings auch ausrechnen, wie viel Zinsen man an einem Tag, an x Tagen oder in x Wochen oder Monaten bekommt.

Merke: Banken rechnen für jeden Monat 30 Tage und für jedes Kalenderjahr 360 Tage.

Bei einem Guthaben von 6 000 €, das mit 3 % verzinst wird, erhält man 180 € Zinsen für ein Jahr.
Zinsen für 5 Monate:
180 € : 12 = 15 € (Zinsen pro Monat)
15 € · **5** = **75 €** (Zinsen für **5** Monate)
Zinsen für 160 Tage:
180 € : 360 = 0,5 € (Zinsen pro Tag)
0,5 € · **160** = **80 €** (Zinsen für **160** Tage)

ÜBUNG 23 **Stella hat auf ihrem Sparbuch ein Guthaben von 500 €, das mit 2,5 % verzinst wird. Welche Zinsen bekommt sie in der Zeit vom 15. April bis zum 20. Oktober?**

Anlagezeit in Tagen: t = 15 + ___ · 30 + ___ = ___

Somit betragen die Zinsen: $Z_t = \frac{K \cdot p \cdot t}{100 \cdot 360} = \frac{500\,€ \cdot \_\_\_ \cdot \_\_\_}{100 \cdot 360}$ = ___ € (Runde!)

45 Minuten

KLASSENARBEIT 1

AUFGABE 1 **Vervollständige die Tabellen.**

a)

Bruch	Prozentsatz	Dezimalzahl
$\frac{1}{25}$		
	64 %	

b)

Bruch	Prozentsatz	Dezimalzahl
$2\frac{1}{4}$		
		0,045

AUFGABE 2 **Drücke die folgenden Anteile jeweils in Prozent aus.**

a) 12 von 20 b) 15 von 25 c) 1 200 von 5 000 d) 9 von 8

AUFGABE 3 **Der Tierbestand eines Zoos hat sich im Laufe eines Jahres verändert. Vervollständige die Tabelle.**

Tiere	a) Fische	b) Zebras	c) Hasen	d) Mäuse
Anzahl der Tiere 2015	140		40	
Vermindert bzw. vergrößert um (in Prozent)	+5 %	$+33\frac{1}{3}$ %		+8 %
Anzahl der Tiere 2016		16	58	138

AUFGABE 4 **Meerwasser hat in der Regel einen Salzgehalt von 3,5 %.**

a) Wie viel Gramm Salz sind in 250 g Meerwasser enthalten?
b) 1 kg Meerwasser und 4 kg salzfreies Wasser werden gemischt. Wie viel Prozent beträgt der Salzgehalt der Mischung?

AUFGABE 5 **Nico bekommt zu seinem 13. Geburtstag von seinem Onkel ein Sparbuch mit 500 € geschenkt. Der Zinssatz bei der Bank beträgt 1,5 %.**

a) Wie viel Geld ist nach 9 Monaten auf seinem Sparbuch?
b) Wie viel Geld hat Nico zu seinem 16. Geburtstag auf seinem Sparbuch, wenn er bis dahin nichts einzahlt und nichts abhebt?
c) Wie hoch wäre der Zinssatz, wenn Nico in 3 Monaten 6 € Zinsen bekäme?

AUFGABE 6 **Tom mischt 2 l eines Fruchtsaftgetränks, das 5 % Saft enthält, mit 1 l Orangennektar, der 40 % Saft enthält. Wie viel Prozent Saft enthält seine Mischung?**

TESTEN

KLASSENARBEIT 2

45 Minuten

AUFGABE 7 **Fülle die Tabelle sorgfältig aus.**

Grundwert G	200	450		48
Prozentsatz p %	32,8 %		37,2 %	
Prozentwert W		200	208,32	64,8

AUFGABE 8 **Gib jeweils den Grundwert an.**

a) 13,2 € sind 4,4 %.

b) 160 m^3 sind 24,8 %.

AUFGABE 9 **Um wie viel Prozent sind …**

a) 23 mehr als 20?

b) 17 kg mehr als 10 kg?

c) 2,4 m weniger als 6 m?

d) 50 km weniger als 400 km?

e) 32 m^3 mehr als 25 m^3?

f) 160 Zebras weniger als 184 Zebras?

AUFGABE 10 **Drücke die Anteile erst als Bruch und dann in Prozent aus.**

a) 79 von 100

b) 9 von 10

c) 3 von 25

d) 233 von 500

e) 180 kg von 6 000 kg

f) 11 m^2 von 40 m^2

g) 333 t von 200 t

h) 4,2 m von 30 m

i) 65 l von 13 l

AUFGABE 11 **Vermehre …**

a) 350 € um 10 %; 25 %; 41 %.

b) 0,5 t um 10 %; 30 %; 175 %.

AUFGABE 12 **Vermindere …**

a) 6,8 km um 20 %; 50 %; 65 %.

b) 48 mm um 5 %; 8 %; 13,2 %.

AUFGABE 13 **Welche Zinsen fallen bei den folgenden Geldanlagen an?**

a) 6 000 € zu 4,5 % für 200 Tage

b) 250 € zu 5,65 % für 9 Monate

c) 54 000 € zu 8 % für $\frac{1}{4}$ Jahre

d) 720 € zu $3\frac{3}{4}$ % für 600 Tage

(Hinweis: Die Zinsen für das erste Jahr werden mit verzinst.)

TESTEN

45 Minuten

KLASSENARBEIT 3

AUFGABE 14 **Berechne und vervollständige.**

a) 1 % sind 3 kg

10 % sind

20 % sind

40 % sind

75 % sind

b) 50 % sind 400 m

1 % sind

6 % sind

15,3 % sind

124 % sind

AUFGABE 15 **In einem Berliner Sportclub sind 860 Personen Mitglieder. 40 % betätigen sich in der Fußballsektion, 26,0 % spielen Handball, 17,9 % sind aktiv in der Bowlingabteilung, weitere 10,7 % spielen Tennis. Der verbleibende Teil der Mitglieder setzt sich zusammen aus Fans und Helfern bei der Organisation der Wettkämpfe.**

a) Berechne jeweils die Anzahl. (Beachte, dass bei der Bestimmung der Prozentsätze gerundet wurde.)
b) Stelle die Verteilung in einem Kreisdiagramm dar.

AUFGABE 16 **Julia benutzt als Studentin an ihrem Studienort die öffentlichen Verkehrsmittel. Die Monatskarte kostet 23 €. Studenten kaufen aber oft ein 5 Monate gültiges Semesterticket für 80 € oder ein Ticket für das gesamte Jahr für 145 €.**

a) Wie viel Prozent spart sie beim Kauf eines Semestertickets?
b) Wie groß ist die prozentuale Ersparnis beim Kauf der Jahreskarte? Beachte, dass sich Julia nur 9 Monate am Studienort aufhält.

AUFGABE 17 **Auf ein Guthaben zahlt ein Geldinstitut 3,2 % Zinsen, für Einlagen über 10 000 € werden 4,5 % Zinsen gezahlt. Wie viel Zinsen erhält man im Jahr für folgende Spareinlagen?**

a) 5 800 €
b) 7 850 €
c) 12 900 €
d) 45 800 €
e) Wie hoch sind die Zinsen bei d), wenn das Konto bereits nach 230 Tagen aufgelöst wird?

KLASSENARBEIT 4

60 Minuten

AUFGABE 18 **Gib jeweils den Grundwert G an.**

a) 24 t sind 60 %. b) 36 m^2 sind 20 %. c) 2 051,3 kg sind 23 %.

AUFGABE 19 **Entwirf für beide Teilaufgaben Tabellen und fülle sie aus.**

a) Ordne den Prozentangaben Brüche zu und gib die entsprechenden Dezimalzahlen an: 50 %, 10 %, 45 %, 15 %, 0,5 %, 90 %.

b) Ordne den Brüchen Prozentangaben zu und gib auch hier die entsprechenden Dezimalzahlen an: $\frac{3}{10}, \frac{3}{4}, \frac{7}{50}, \frac{17}{25}, \frac{9}{20}, \frac{105}{100}$.

AUFGABE 20 **Wie viel Prozent der jeweiligen abgebildeten Gesamtfläche sind farbig gekennzeichnet? Gib den Anteil auch als Bruch und als Dezimalzahl an. Schreibe jeweils in der Form: Anteil in Prozent = Anteil als Bruch = Anteil als Dezimalzahl.**

a) 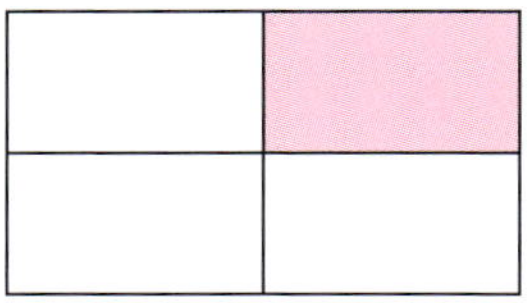

b) 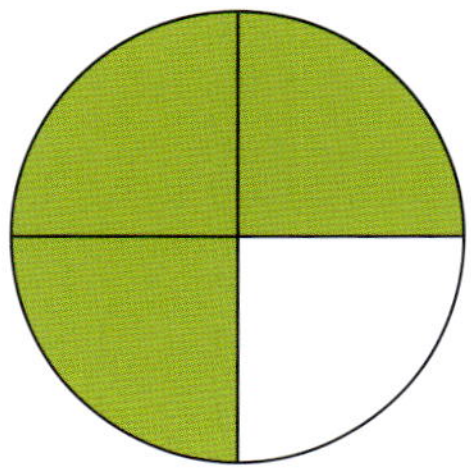

c) 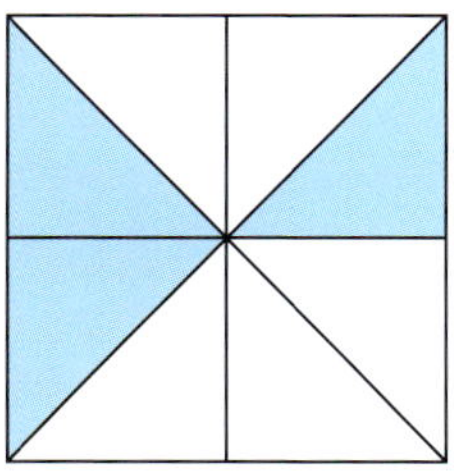

d) 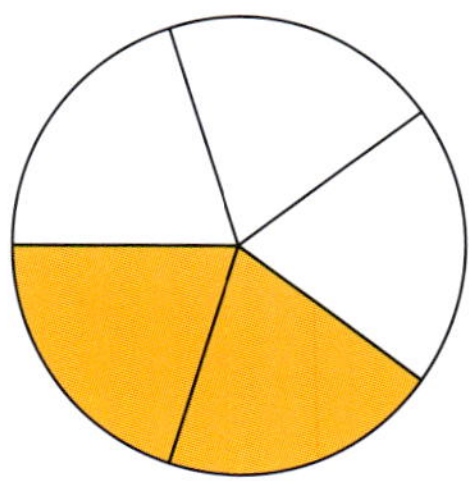

AUFGABE 21 **Beim Kauf einer Heimkinoanlage kann Herr Gern einen Rabatt von 15 % heraushandeln. Er bezahlt bar, so wird noch 3 % Skonto vom Rechnungsbetrag abgezogen. Er bezahlt 411,43 €. (Hinweis: Skonto ist ein Preisnachlass auf den Rechnungsbetrag, wenn man innerhalb einer bestimmten Frist oder bar bezahlt.)**

a) Wie hoch ist der Listenpreis der Anlage?

b) Wie viel Prozent hat er gegenüber dem Listenpreis eingespart?

AUFGABE 22 **Fernseh-Müller preist einen DVD-Player an: „Wir geben einen Preisnachlass von 15 %. Der DVD-Player kostet nur noch 339 €.“**

a) Wie viel Euro kostete der DVD-Player ursprünglich?
b) Um wie viel Euro wurde der Preis gemindert?
c) Die unverbindliche Preisempfehlung des Herstellers war 499 €. Wie viel Prozent ist das Gerät jetzt preiswerter?

AUFGABE 23 **Die Tabelle zeigt das Ergebnis einer Mathematikarbeit, die in der Klasse 7 c eines Gymnasiums geschrieben wurde.**

Note	1	2	3	4	5	6
Anzahl Schüler	3	5	6	6	4	1

a) Berechne den Notendurchschnitt der Arbeit.
b) Berechne, auf wie viel Prozent der Schüler die einzelnen Noten jeweils entfallen.
c) Ein Kreisdiagramm bietet sich an, um Verteilungen darzustellen. Entwirf und zeichne ein solches Diagramm.

AUFGABE 24 **Vervollständige die Tabelle.**

Guthaben	350 €	10 200 €	10 030 €	1 800 €
Zinssatz	4,25 %		5 %	
Jahreszinsen		382,50 €		
Zinszeit	265 Tage	200 Tage		250 Tage
Zinsen			410,95 €	50 €

AUFGABE 25 **Louisa und Tobias haben bei verschiedenen Banken den gleichen Geldbetrag angelegt. Louisa erhält 3,5 % Zinsen im Jahr, Tobias 4 %. Nach einem Jahr weist Tobias’ Konto 4 € mehr auf. Welchen Betrag haben beide eingezahlt?**

TESTEN

4 Zuordnungen und lineare Funktionen

4.1 Zuordnungen und ihre Graphen

WISSEN

Beziehungen zwischen Größen aus zwei Mengen kann man mathematisch durch **Zuordnungen** beschreiben:
Jedem Element aus der vorher festgelegten **Definitionsmenge** wird ein Element aus der **Wertemenge** zugeordnet.

Durch die Zuordnungen entstehen **Wertepaare.**

Der *Anzahl der gekauften Brötchen* wird der jeweils *zugehörige Preis* zugeordnet.

Anzahl		Preis
1 Brötchen	→	**0,50 €**
3 Brötchen	→	**1,50 €**

Hier entstehen die Wertepaare (1|0,5); (2|1); (3|1,5) usw.

Eine Zuordnung kann auf verschiedene Arten dargestellt werden, z. B. durch ein Säulendiagramm, durch ein Pfeildiagramm oder durch eine Tabelle.

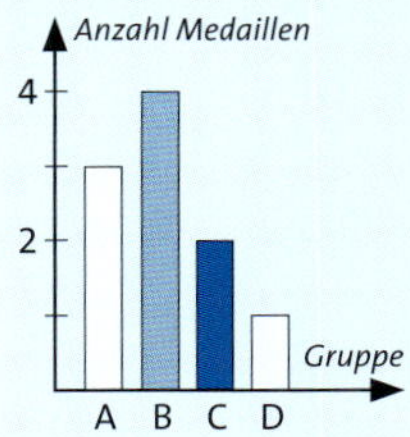

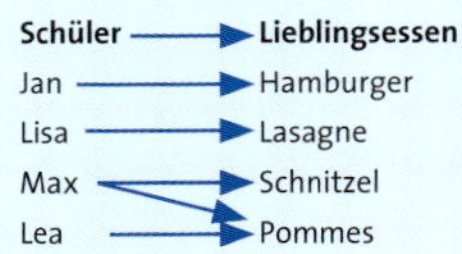

Eine Zuordnung wird häufig durch eine allgemeine **Zuordnungsvorschrift** festgelegt: x → y

Die Zuordnungsvorschrift x → x + 1 ordnet jeder Zahl aus der Definitionsmenge die um eins größere Zahl zu.

Besonders übersichtlich kann man Zuordnungen darstellen, indem man die Wertepaare als Punkte in einem **Koordinatensystem** darstellt.

Merke: Die Punkte werden häufig durch eine Linie miteinander verbunden. Dies ist jedoch nicht in jedem Fall sinnvoll!

Diese Darstellung heißt **Graph** der Zuordnung.

An einem Graphen kann man zu jedem Wert der **ersten Größe** (x-Wert) den ihm zugeordneten Wert der **zweiten Größe** (y-Wert) ablesen.

Zuordnungsvorschrift: x → x + 1

x	0	1	2	3	4	5
x + 1	1	2	3	4	5	6

Die Wertepaare: (0|1); (1|2); (2|3); (3|4); (4|5) und (5|6) werden in das Koordinatensystem übertragen:

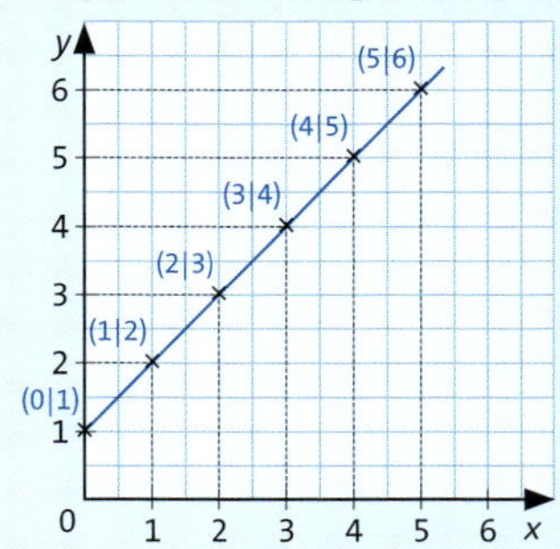

ÜBUNG 1 **Erläutere den Begriff „Zuordnung“ und nenne verschiedene Möglichkeiten, Zuordnungen darzustellen. Schreibe in dein Übungsheft.**

ÜBUNG 2 **Die 27 Schüler der Klasse 7 a haben über ihre Hobbys gesprochen. 14 Schüler spielen Fußball, 8 fahren gerne Inlineskaters, 3 reiten und 2 lesen gerne.**

Notiere in deinem Übungsheft, welche Zuordnung durch den Text beschrieben wird und stelle diese Zuordnung in der Tabelle dar.

Anzahl der Schüler				
Hobbys				

ÜBUNG 3 **Die Schüler der Parallelklasse 7 b haben die Zuordnung** ***Hobby → Anzahl der Schüler*** **ihrer Klasse in einem Pfeildiagramm dargestellt. Schreibe in dein Übungsheft.**

a) Wie viele Schüler sind in der Klasse 7 b?
b) Stelle die im Pfeildiagramm veranschaulichte Zuordnung in einem Säulendiagramm dar.

Fußball → 10
Karate → 3
Computerspiele → 5
Musizieren → 4
Lesen → 2

ÜBUNG 4 **Erdbeerbäuerin Karla hat ein Wasserbecken, aus dem sie ihr Feld bewässert. Je nach Wetter brauchen die Erdbeeren mehr oder weniger Wasser; bei Regen füllt sich das Becken wieder. Die Tabelle gibt an, um wie viele Zentimeter (cm) der Wasserstand an unterschiedlichen Tagen von der durchschnittlichen Wasserhöhe abweicht.**

Tag	1	3	5	7	9	11	13	15
Wasserstand (in cm)	+15	+7,5	+2,5	0	−7,5	−12,5	−5	+5

Vervollständige den Graphen der Zuordnung *Tag → Wasserstand* und verbinde die einzelnen Punkte durch eine Linie miteinander.

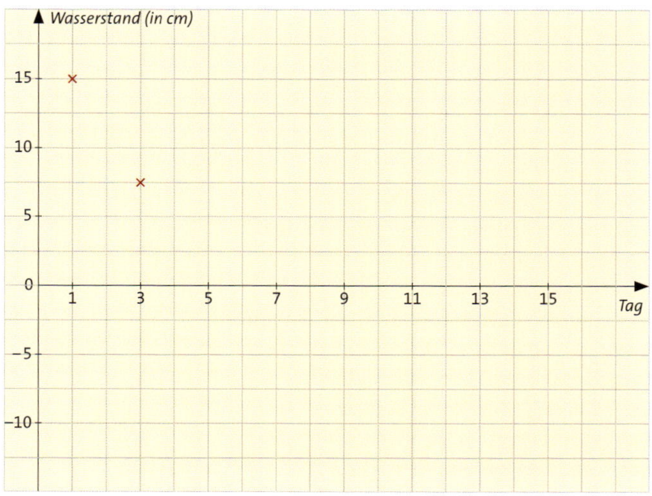

ÜBUNG 5 **Lies aus dem in Übung 4 entstandenen Graphen ab, …**

a) an welchen Tagen der Wasserstand unter / über dem durchschnittlichen Wert lag.
b) an welchen Tagen der Wasserstand genau dem durchschnittlichen Wert entsprach.
c) wie hoch der ungefähre Wasserstand am 4. Tag bzw. am 10. Tag war.
d) in welchen Zeiträumen der Wasserstand gestiegen bzw. gefallen ist.

WISSEN

Funktionen
Eine Zuordnung, bei der jedem Element aus der Definitionsmenge **genau ein** Element der Wertemenge zugeordnet wird, heißt **Funktion.**

Die Zuordnung $x \rightarrow x+1$ ordnet jedem Element aus der Definitionsmenge genau ein Element aus der Wertemenge zu. Es handelt sich also um eine Funktion.

Wir verwenden die folgende Schreibweise für **Zuordnungsvorschriften** von Funktionen: $\mathbf{y = f(x)}$

Man schreibt:
$\mathbf{y = x + 1}$

Beachte: Es gibt noch andere Schreibweisen für **Zuordnungsvorschriften** von Funktionen.

$f\colon x \rightarrow f(x)$,
z. B.:
$f\colon x \rightarrow x + 1$

ÜBEN

ÜBUNG 6 **Gegeben ist die Funktion f mit der Zuordnungsvorschrift y = 2x + 1. Ergänze die zu dieser Funktion gehörende Wertetabelle:**

x	0	1	2	5	7	10
$\mathbf{2 \cdot x + 1}$	$2 \cdot 0 + 1 = 1$					

ÜBUNG 7 **Gib für die unten stehenden Wertetabellen die zugehörigen Zuordnungsvorschriften an und ergänze die Tabellen entsprechend.**

a) Zuordnungsvorschrift: y =

x	0	1	2	3	4	5
		5	10		20	

b) Zuordnungsvorschrift: y =

x	0	1	2	3	5	10
	2	4	6		12	

4.2 Proportional und indirekt proportional

Bei einer **proportionalen Zuordnung** wird das Doppelte (Dreifache, Vierfache, ...) eines Wertes der ersten Größe dem Doppelten (Dreifachen, Vierfachen, ...) des zugehörigen Wertes der zweiten Größe zugeordnet.

Merke: **Je mehr → desto mehr**

Man sagt auch **direkt proportional.**

Die **Zuordnungsvorschrift** hat die Form:
$y = m \cdot x$

Alle Wertepaare (x|y) bzw. (x|mx) sind **quotientengleich:**

$\frac{y}{x} = \frac{m \cdot x}{x} = m$

Es wird zugeordnet:

der 1. Größe	→	die 2. Größe
dem Doppelten	→	das Doppelte
dem Dreifachen	→	das Dreifache
dem n-Fachen	→	das n-Fache

Ein Busticket kostet 2 €. Je mehr Tickets man kauft, desto mehr muss man zahlen.

Zuordnungsvorschrift mit m = 2: $y = 2x$

Anzahl Tickets x	1	2	3	4
Preis y in €	2	4	6	8

Wertepaare: (1|2); (2|4); (3|6); (4|8)

x	**y**	$m = \frac{y}{x}$
1	2	$\frac{2}{1} = 2$
2	4	$\frac{4}{2} = \frac{2}{1} = 2$
3	6	$\frac{6}{3} = \frac{2}{1} = 2$
4	8	$\frac{8}{4} = \frac{2}{1} = 2$

(Pfeile: x: 1 → 2 mit · 2; 1 → 3 mit · 3; 2 → 4 mit · 2; y: 2 → 4 mit · 2; 2 → 6 mit · 3; 4 → 8 mit · 2)

Bei einer **indirekt proportionalen Zuordnung** wird dem Doppelten (Dreifachen, Vierfachen, ...) eines Wertes der ersten Größe die Hälfte (ein Drittel, ein Viertel, ...) des zugehörigen Wertes der zweiten Größe zugeordnet.

Merke: **Je mehr → desto weniger**

Man sagt auch **umgekehrt proportional** oder **antiproportional.**

Die **Zuordnungsvorschrift** hat die Form:

$y = \frac{k}{x}$ $(x \neq 0)$

Alle Wertepaare (x|y) bzw. $\left(x \middle| \frac{k}{x}\right)$ sind **produktgleich:**

$x \cdot y = x \cdot \frac{k}{x} = k$

Es wird zugeordnet:

der 1. Größe	→	die 2. Größe
dem Doppelten	→	die Hälfte
dem Dreifachen	→	ein Drittel
dem n-Fachen	→	der n-te Teil

Ein Lottogewinn beträgt 9 000 €. *Je mehr* Mitglieder die Tippgemeinschaft hat, *desto weniger* gewinnt der Einzelne.

Zuordnungsvorschrift mit k = 9 000: $y = \frac{9\,000}{x}$

Anzahl Mitspieler x	1	3	9
Gewinn y in €	9 000	3 000	1 000

Wertepaare: (1|9 000); (3|3 000); (9|1 000)

x	**y**	**k = x · y**
1	9 000	1 · 9 000 = 9 000
3	3 000	3 · 3 000 = 9 000
9	1 000	9 · 1 000 = 9 000

(Pfeile: x: 1 → 3 mit · 3; 1 → 9 mit · 9; y: 9 000 → 3 000 mit : 3; 9 000 → 1 000 mit : 9)

ÜBEN

WISSEN

Dreisatz bei zueinander proportionalen Größen
Tim kauft 8 Brötchen für 3,60 €, wie viel kosten 15 Brötchen?
Durch **Dividieren** erhält man den Preis für ein Brötchen, durch **Multiplizieren** erhält man den Preis für 15 Brötchen:

	Brötchen	Preis	
: 8	8	3,60 €	: 8
	1	0,45 €	
· 15	15	6,75 €	· 15

Proportional

Durch **Dividieren** schließt man von einem Vielfachen auf die Einheit.

Durch **Multiplizieren** schießt man von der Einheit auf ein Vielfaches.

ÜBUNG 8 Ergänze die Tabelle für eine proportionale Zuordnung mithilfe des Dreisatzes.

Größe x	25	1		2
Größe y	40		16	

ÜBUNG 9 **Um eine 10 m² große Fläche zu streichen, benötigt man 5 Liter Innenfarbe. Wie viele Liter Farbe benötigt man, um ein Zimmer mit 30 m² (50 m²; 70 m²) Wandfläche zu streichen? Ergänze zunächst die Tabelle, veranschauliche dann die Zuordnung, indem du ihren Graphen in das Koordinatensystem zeichnest.**

Wandfläche in m² (x)	10	1	30	50	70
Farbe in l (y)	5				

Aus der allgemeinen Zuordnungsvorschrift für proportionale Zuordnungen:

$y = m \cdot x$ mit $m = \frac{y}{x}$ erhält man mit $m = \frac{y}{x} = \frac{5}{10} = \frac{15}{30} = \frac{25}{50} = \ldots = 0{,}5$ die

Zuordnungsvorschrift y = __________.

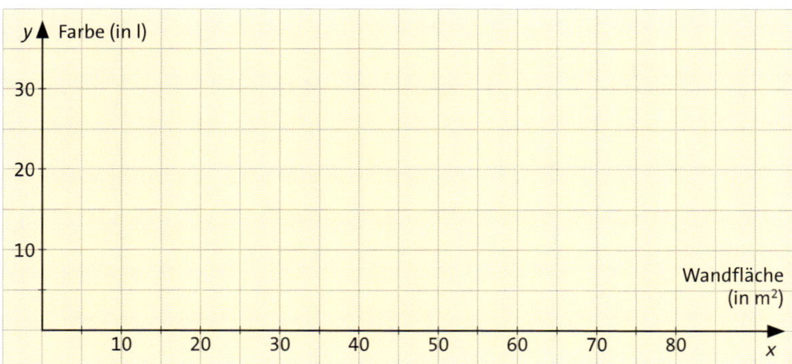

WISSEN

Dreisatz bei zueinander indirekt proportionalen Größen
Wenn eine Reisegruppe 4 Tage unterwegs ist, stellt die Reisekasse pro Tag 420 € zur Verfügung. Wie viel Geld kann die Gruppe täglich ausgeben, wenn die Reise 6 Tage dauern soll?

	Tage	Reisekasse	
: 4	4	420 €	· 4
· 6	1	1 680 €	: 6
	6	280 €	

Indirekt proportional

Durch **Multiplizieren** schließt man auf die Einheit der 2. Größe.

Durch **Dividieren** schließt man von der Einheit auf das Vielfache der 2. Größe.

ÜBUNG 10 **Ergänze die Tabelle für eine indirekt proportionale Zuordnung mithilfe des Dreisatzes.**

Größe x	16		10	
Größe y	4	32		10

ÜBUNG 11 **Der Wasservorrat für eine 12-tägige Expedition durch die Wüste reicht für eine Gruppe von 15 Personen. Wie lange dürfte diese Expedition unterwegs sein, wenn 6 (10; 20) Personen teilnehmen? Ergänze zunächst die Tabelle, veranschauliche dann die Zuordnung.**

Anzahl der Teilnehmer	15	1	6	10	20
Expeditionsdauer in Tagen	12				

Aus der allgemeinen Zuordnungsvorschrift für indirekt proportionale Zuordnungen:

$y = \frac{k}{x}$ mit $k = y \cdot x$ erhält man mit $k = y \cdot x = 12 \cdot 15 = 10 \cdot 18$

$= 18 \cdot 10 = ... = 180$ die Zuordnungsvorschrift y = ______ .

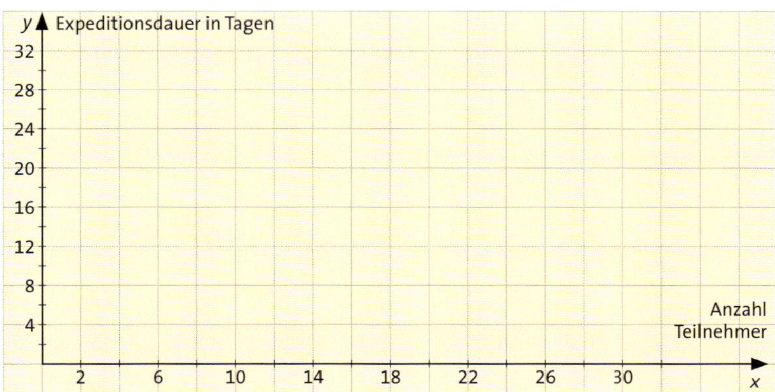

WISSEN

Der **Graph einer proportionalen Zuordnung** liegt auf einer **Geraden.**

Der **Graph einer indirekt proportionalen Zuordnung** liegt auf einer Kurve, die man **Hyperbel** nennt.

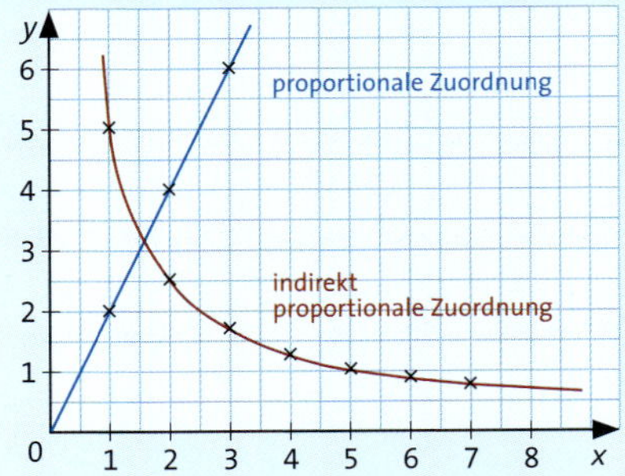

ÜBEN

ÜBUNG 12 **Bei einem Metzger werden Frikadellen zu 1,25 € das Stück angeboten.**

a) Wie viel kostet eine Platte mit 15 (20; 25; 35) Frikadellen? Ergänze die Tabelle. Um welchen Zuordnungstyp handelt es sich bei der Zuordnung *Anzahl der Frikadellen → Preis?* Gib die Zuordnungsvorschrift an und veranschauliche die Zuordnung in einem Koordinatensystem in deinem Übungsheft.

Anzahl der Frikadellen	1				
Preise in €					

Es handelt sich um eine ___ Zuordnung mit der Zuordnungs-vorschrift y = ___, da m = ___.

b) Die Belegschaft einer Firma hat zu einer Feier Frikadellen für 60 € bestellt. Wie viel Euro muss jeder bezahlen, wenn sich 15 (20; 25; 30) Personen an den Kosten beteiligen? Ergänze die Tabelle. Um welchen Zuordnungstyp handelt es sich bei der Zuordnung *Anzahl der Personen → Kosten pro Person?* Gib die Zuordnungsvorschrift an und veranschauliche die Zuordnung in einem Koordinatensystem in deinem Übungsheft.

Anzahl der Personen	1				
Kosten pro Person in €					

Es handelt sich um eine ___

Zuordnung mit der Zuordnungsvorschrift y = ___, da

k = ___.

4.3 Lineare Funktionen und Gleichungen

Bei einer **linearen Funktion** bewirkt die Zunahme des x-Wertes um 1 immer dieselbe Zu- oder Abnahme des y-Wertes. Im Beispiel rechts nimmt der y-Wert immer um 2 zu, wenn der x-Wert um 1 zunimmt.

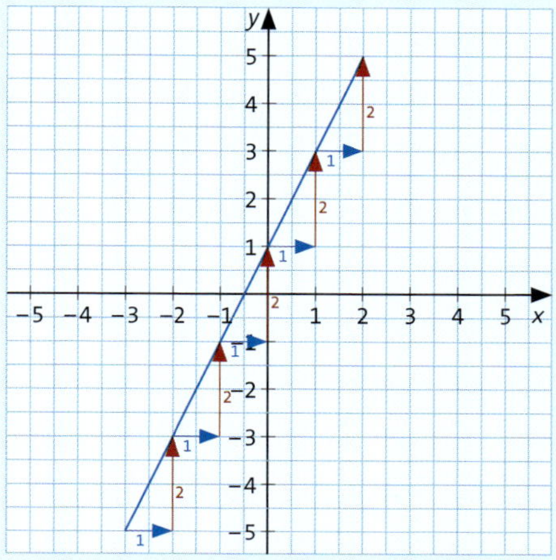

Lineare Funktionen haben eine Zuordnungsvorschrift der Form:
$y = m \cdot x + c$

- Der **Graph** einer linearen Funktion liegt auf einer **Geraden.**
- **m** gibt die **Steigung** der Geraden an,
- **c** gibt den Schnittpunkt der Geraden mit der **y-Achse** an.

Merke: Proportionale Zuordnungen sind lineare Funktionen.

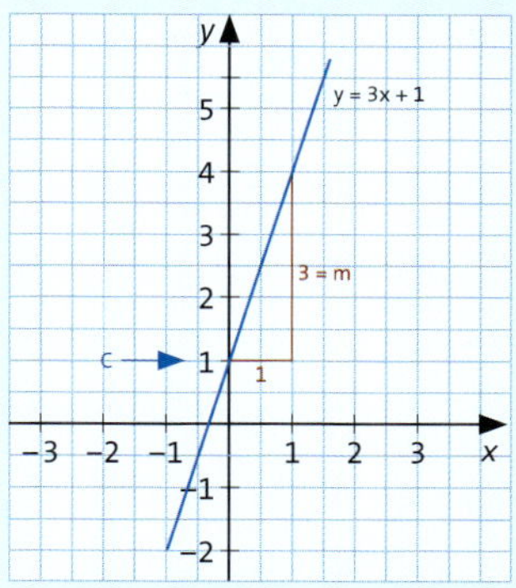

Da der Graph einer linearen Funktion eine Gerade ist, benötigst du nur **zwei Punkte, P und Q,** um den Graphen einer linearen Funktion zu zeichnen:

1. Bestimme den **Schnittpunkt P (0|c)** des Graphen mit der y-Achse.
2. Wähle einen weiteren **x-Wert** aus, setze ihn in die Gleichung ein und **berechne den zugehörigen y-Wert,** um den zweiten Punkt **Q** zu bekommen.
3. Zeichne die beiden Punkte P und Q in ein Koordinatensystem. Die **Gerade durch P und Q ist der gesuchte Graph.**

$y = 2x + 1$

1. y-Achsenabschnitt: $c = 1$, damit ist der Punkt **P (0|1)** bestimmt.
2. Für $x = 1$ erhält man: $y = 2 \cdot 1 + 1 = 3$ und damit hast du einen zweiten Punkt, nämlich **Q (1|3)** bestimmt.
3. Graph:

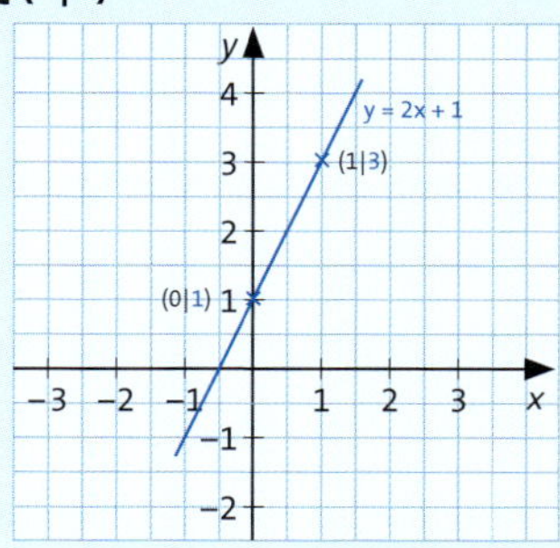

ÜBUNG 13 **Gib die Steigung des Graphen und den Schnittpunkt mit der y-Achse an.**

Zuordnung	Steigung des Graphen	Schnittpunkt mit der y-Achse
a) $y = 5 \cdot x + 2$	m =	c = , d. h. P(|)
b) $y = 1 - 2 \cdot x$	m =	c = , d. h. P(|)
c) $y = x$	m =	c = , d. h. P(|)

ÜBUNG 14 **Berechne jeweils den zugehörigen y-Wert und gib die Punktkoordinaten an.**

Gleichung	x-Wert	Rechnung	y-Wert und Punktkoordinaten
a) $y = 0{,}5 \cdot x + 4$	$x = 3$	$y = 0{,}5 \cdot x + 4$ $= 0{,}5 \cdot \quad + 4 =$	y = ; P(3|)
b) $y = -1{,}8 \cdot x + 2$	$x = 5$	$y = -1{,}8 \cdot x + 2$ $=$	y = ; P(5|)
c) $y = \frac{3}{4} \cdot x - \frac{1}{2}$	$x = 4$	$y = \frac{3}{4} \cdot x - \frac{1}{2}$ $=$	y = ; P(4|)

ÜBUNG 15 **Lege ein Koordinatensystem in deinem Übungsheft an und zeichne die Graphen zu den angegebenen Funktionen hinein.**

a) $y = 2 \cdot x - 3$ b) $y = -\frac{1}{2} \cdot x + 1$ c) $y = 1 \cdot x$

d) $y = 3$ e) $y = \frac{1}{4} \cdot x$ f) $y = \frac{1}{4} \cdot x + 2$

WISSEN +

Lineare Gleichungen zeichnerisch lösen

Gleichungen (↗ Kap. 2.2) der Form $m \cdot x + c = b$ heißen **lineare Gleichungen.** Eine lineare Gleichung kann mithilfe des Graphen der linearen Funktion $y = m \cdot x + c$ zeichnerisch gelöst werden:

1. Zeichne den Graphen der linearen Funktion in ein Koordinatensystem.
2. Lies ab, für welchen x-Wert man den gesuchten y-Wert $y = b$ erhält.

Rechnerische Lösung: vgl. Kap. 2.2.

Lineare Gleichung: $2x + 1 = 5$

Lineare Funktion: $y = 2x + 1$

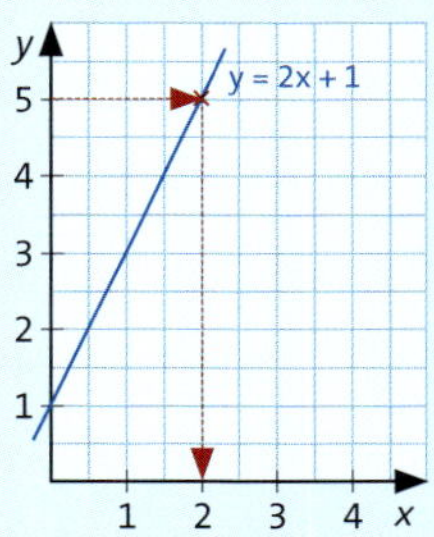

Die Gleichung hat die Lösung $x = 2$, denn man kann aus dem Graphen ablesen, dass dem Wert $x = 2$ der Wert $y = 5$ zugeordnet wird.

ÜBUNG 16 **Löse die Gleichungen rechnerisch (↗ Kap. 2.2) in deinem Übungsheft.**

a) $1{,}5 \cdot x + 3{,}5 = 7{,}25$ b) $\frac{1}{2} \cdot x + 4 = \frac{9}{2}$ c) $2 \cdot x - 4 = 0$

WISSEN

Lösungen linearer Gleichungen

Eine lineare Gleichung hat entweder
- **genau eine** Lösung, — $x + 5 = 7$; $L = \{2\}$
- **keine** Lösung oder — $x + 2 = x - 2$; $L = \{\}$
- **unendlich viele** Lösungen, d. h., jede Zahl der Definitionsmenge ist eine Lösung der Gleichung. — $5x + 20 = 5(x + 4)$; $L = \mathbb{Q}$

ÜBUNG 17 **Bestimme die Lösungen der Gleichungen zeichnerisch.**

a) $\frac{1}{2}x + 2 = 3$ b) $\frac{1}{2}x + 2 = 4$ c) $\frac{1}{2}x + 2 = -\frac{1}{2}$

x = ______ x = ______ x = ______

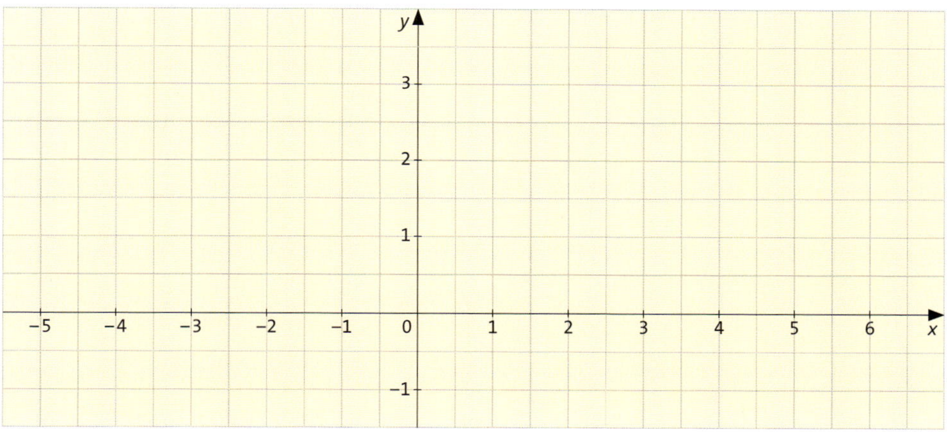

ÜBUNG 18 **Bestimme in deinem Übungsheft zeichnerisch die Lösungen der Gleichungen. Kann man zwei der Gleichungen mithilfe desselben Graphen lösen?**

a) $3x - 1{,}5 = 7{,}5$ b) $-\frac{1}{2}x - 2 = -3$ c) $-3x = -9$

ÜBUNG 19 **Zum Nachdenken:**

a) Eine lineare Gleichung hat die Zahl 5 sowie die Zahl −2 als Lösung. Welche Aussage lässt sich über die Lösungsmenge der Gleichung treffen? Begründe.
b) Gib zwei verschiedene Gleichungen an, die keine Lösung haben.

4.4 Systeme linearer Gleichungen

Lineare Gleichungen der Form

$a \cdot x + b \cdot y = c$

heißen **lineare Gleichungen mit zwei Variablen.**

- Jede Lösung besteht aus einem Zahlenpaar (x|y).
- **Graphisch** kann man die Lösungen einer linearen Gleichung veranschaulichen, indem man die Gleichung als *lineare Funktion* auffasst und den Graphen – eine Gerade – darstellt (↗ Kap. 4.3).
- Die Lösungen der Gleichung liegen alle auf der Geraden.
- Jede lineare Gleichung mit zwei Variablen hat also **unendlich viele** Lösungen.

Fasse die lineare Gleichung $2x + y = 3$ als lineare Funktion auf und bringe sie mithilfe von Termumformungen (↗ Kap. 2) auf die Form $y = -2x + 3$.
Alle Punkte des zugehörigen Graphen sind Lösungen der Gleichung $2x + y = 3$.

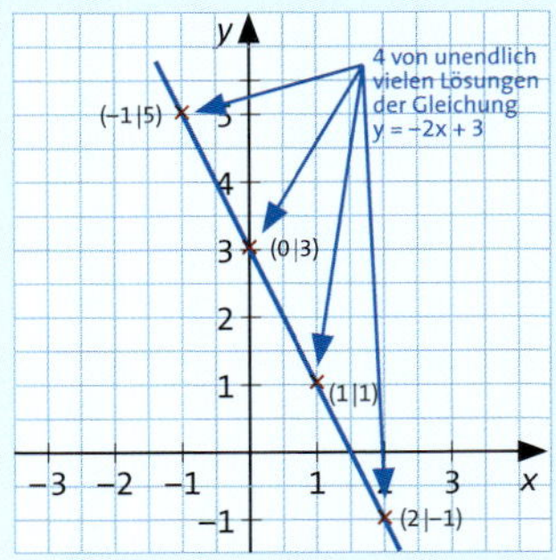

Zwei lineare Gleichungen mit zwei Variablen nennt man ein **lineares Gleichungssystem** (kurz: **LGS**).

Ein Zahlenpaar (x|y) heißt **Lösung** eines linearen Gleichungssystems, falls das Paar *jede Gleichung des Systems erfüllt.*

Die Lösungen kann man in der **Lösungsmenge L** zusammenfassen.

(I) $x + 2y = 10$
(II) $5x - 4y = 8$
Jede der beiden Gleichungen (I) und (II) hat *unendlich viele* Lösungen.
Das *Gleichungssystem aus (I) und (II)* hat allerdings *nur das Zahlenpaar* (4|3) als Lösung, denn nur (4|3) erfüllt beide Gleichungen, $L = \{(4|3)\}$.
Probe: $4 + 2 \cdot 3 = 10$ und $5 \cdot 4 - 4 \cdot 3 = 8$.

Um ein LGS **grafisch** zu lösen,
- fasse die Gleichungen als lineare Funktionen auf und
- zeichne die beiden Graphen (Geraden).
- Der Schnittpunkt der Graphen (Geraden) entspricht der Lösung des LGS.

1. Möglichkeit: Die Geraden schneiden sich in einem Punkt, d.h., das Gleichungssystem hat **genau eine Lösung.**
2. Möglichkeit: Die Geraden haben die gleiche Steigung, sie sind parallel und verschieden und haben keinen Schnittpunkt, d.h., das Gleichungssystem hat **keine Lösung.**
3. Möglichkeit: Die Geraden sind identisch, d.h., das Gleichungssystem hat **unendlich viele Lösungen.**

1.
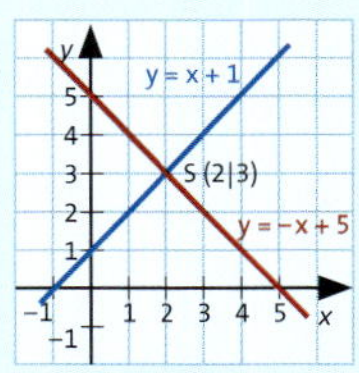

$L = \{(2|3)\}$

2.
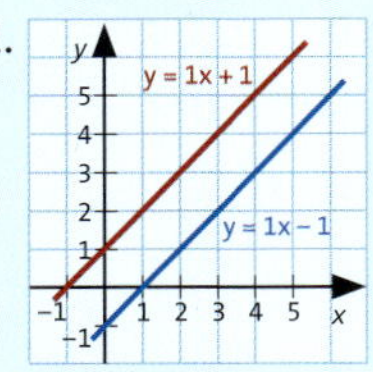

$L = \{\ \}$

3.
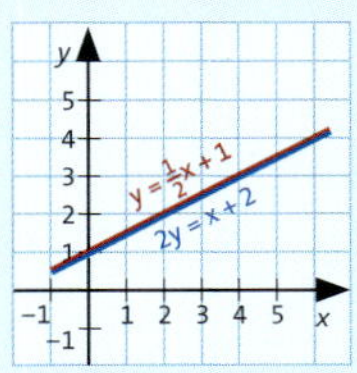

$L = \mathbb{Q}$

ÜBUNG 20 **Überprüfe jeweils, ob das Zahlenpaar eine Lösung der Gleichung $3x + 2y = 12$ ist.**

a) (0|5) b) (2|0) c) (0|6) d) (2|3)

ÜBUNG 21 **Gegeben ist die Gleichung $2y + x = 4$.**

a) Gib zwei Lösungen dieser Gleichung an: (|) und (|).

b) Stelle deine Lösungen aus a) im unten abgebildeten Koordinatensystem dar.

c) Zeichne die Gerade durch die beiden Punkte und lies drei weitere Lösungen ab:

(|); (|); (|).

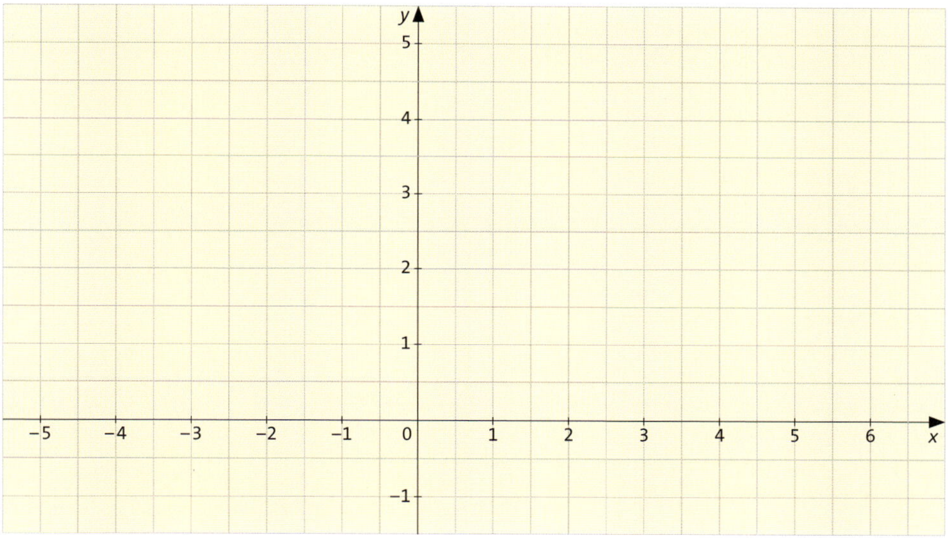

ÜBUNG 22 **Können die Zahlenpaare (0|0); (2|2) und (3|4) Lösungen einer einzigen linearen Gleichung mit zwei Variablen sein? Begründe deine Antwort.**
(Tipp: Stelle dir die Lage dieser Punkte im Koordinatensystem vor.)

ÜBUNG 23 **Überprüfe jeweils, ob das Zahlenpaar Lösung des linearen Gleichungssystems ist. Schreibe in dein Übungsheft.**

a) (I) $x + y = 12$
(II) $x - y = 4$
Zahlenpaar: (8|4)

b) (I) $2x + 3y = 7$
(II) $5x - 2y = 9$
Zahlenpaar: (2|1)

c) (I) $0,5x + 2y = 12,5$
(II) $x - 3y = -10$
Zahlenpaar: (5|5)

ÜBUNG 24 **Löse das Gleichungssystem zeichnerisch. Überprüfe – falls möglich – das Ergebnis durch Einsetzen.**

a) (I) $y = 2x - 3$
(II) $y = -\frac{1}{2}x + 2$

b) (I) $x + y = 1$
(II) $3y + 3x = 6$

c) (I) $5x + 2y = 9$
(II) $4y + 10x = 18$

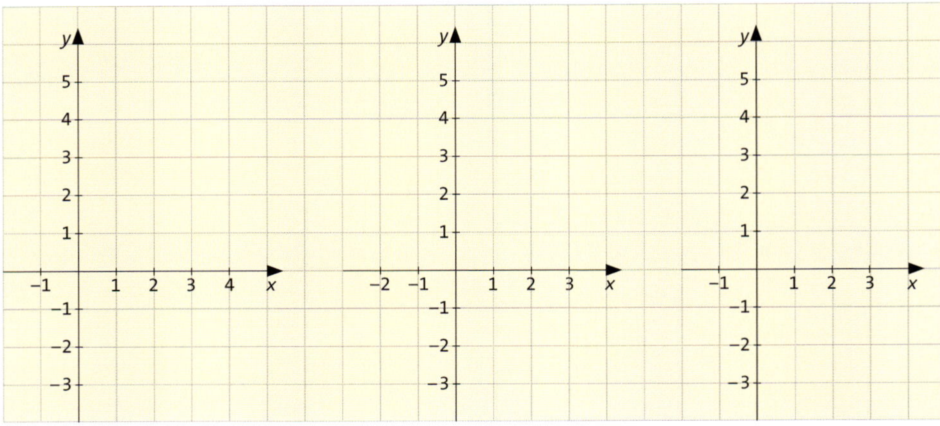

ÜBUNG 25 **Gib zu jedem Zahlenpaar ein lineares Gleichungssystem an, das dieses Zahlenpaar als Lösung hat.**

a) (1|1)
(I)
(II)

b) (2|5)
(I)
(II)

c) (4|0,5)
(I)
(II)

ÜBUNG 26 **Gib jeweils ein lineares Gleichungssystem mit zwei Gleichungen und zwei Variablen an, das ...**

a) genau eine Lösung hat.
b) das Zahlenpaar (2|0) als Lösung hat.
c) keine Lösung hat.
d) das Zahlenpaar (−1|3) als Lösung und unendlich viele weitere Lösungen hat.

ÜBUNG 27 **Stelle die Gleichungen zeichnerisch in einem Koordinatensystem dar. Gib die Lösung des LGS an. Überlege, wie man den gemeinsamen Punkt rechnerisch bestimmen kann.**

(I) $-y = 4x - 3$
(II) $-8x + 4y = 12$

4.5 Lineare Gleichungssysteme lösen

Gleichsetzungsverfahren

Sind beide Gleichungen in der Form y = ... gegeben, wählt man das Gleichsetzungsverfahren:

1. Die beiden rechten Seiten gleichsetzen.
2. Entstandene Gleichung nach x auflösen.
3. Den erhaltenen Wert für x in die Gleichung (I) oder (II) einsetzen; man erhält y.
4. Das Zahlenpaar (x|y) ist Lösung des Gleichungssystems.

(I) $y = 3x - 6$ (II) $y = 4x + 7$

(1) $3x - 6 = 4x + 7 \quad | -4x + 6$

(2) $3x - 4x = 7 + 6$

$-x = 13$

$x = -13$

(3) Setze $x = -13$ in (I) oder (II) ein:

$y = 3 \cdot (-13) - 6 = -45$

(4) Lösung: $(-13|-45)$

Einsetzungsverfahren

Ist eine Gleichung bereits nach einer Variablen, z. B. nach y, aufgelöst, wählt man das Einsetzungsverfahren:

1. Ist eine Gleichung nach y aufgelöst, setzt man die rechte Seite dieser Gleichung in die andere Gleichung für y ein.
2. Entstandene Gleichung nach x auflösen.
3. Den erhaltenen Wert für x in die Gleichung (I) oder (II) einsetzen; man erhält y.
4. Das Zahlenpaar (x|y) ist Lösung des Gleichungssystems.

(I) $y = 3x + 8$ (II) $x + y = 12$

(1) $x + (3x + 8) = 12$

(2) $x + 3x + 8 = 12$

$4x + 8 = 12 \quad | -8$

$4x = 4 \quad | :4$

$x = 1$

(3) Setze $x = 1$ in (I) oder (II) ein:

$y = 3 \cdot 1 + 8 = 11$

(4) Lösung: $(1|11)$

Additionsverfahren

Das Additionsverfahren ist für alle LGS leicht durchführbar:

1. Jede Gleichung einzeln so umformen, dass ein Koeffizient der ersten Gleichung und der entsprechende Koeffizient der zweiten Gleichung Gegenzahlen sind.
2. Addieren der beiden Gleichungen liefert eine neue Gleichung (III) mit nur einer Variablen; entstandene Gleichung nach dieser Variablen auflösen.
3. Den berechneten Wert in (I) oder (II) einsetzen; man erhält den Wert der anderen Variablen.
4. Das Zahlenpaar (x|y) ist Lösung des Gleichungssystems.

(I) $4x - 4y = 28$

(II) $-2x - 3y = -4 \quad | \cdot 2$

(1) (I) $4x - 4y = 28$]+

(II) $-4x - 6y = -8$

(2) (III) $0x - 10y = 20$

$y = -2$

(3) Setze $y = -2$ in (I) oder (II) ein:

$4x - 4 \cdot (-2) = 28$

$4x = 20 \quad | :4$

$x = 5$

(4) Lösung: $(5|-2)$

WISSEN

ÜBUNG 28 **Bestimme die Lösung des linearen Gleichungssystems mit dem Gleichsetzungsverfahren. Vervollständige die Aufgabe.**

(I) $y = 2x - 2$
(II) $y = 3x - 4$

Setze die rechten Seiten der Gleichungen gleich und löse nach x auf:

$2x - 2 = 3x - 4 \mid$ ______

______ = ______

$x =$ ______ in (I) einsetzen ergibt:

$y = 2 \cdot$ ______ $- 2$

$y =$ ______

Lösung: (______ | ______)

ÜBUNG 29 **Bestimme die Lösung der linearen Gleichungssysteme mit dem Gleichsetzungsverfahren. Schreibe in dein Übungsheft.**

a) (I) $y = 4x + 2$
(II) $y = 4x + 3$

b) (I) $y = x - 1$
(II) $y = -x + 9$

ÜBEN

ÜBUNG 30 **Bestimme die Lösung des linearen Gleichungssystems mit dem Einsetzungsverfahren. Vervollständige die Aufgabe.**

(I) $y = 5x - 4$
(II) $x + y = 2$

Setze in (II) für y den Term $5x - 4$ ein und löse nach x auf:

$x +$ ______ $= 2 \mid$ ______

______ = ______

$x =$ ______ in (I) einsetzen ergibt:

$y = 5 \cdot$ ______ $- 4$

$y =$ ______

Lösung: (______ | ______)

ÜBUNG 31 **Bestimme die Lösung der linearen Gleichungssysteme mit dem Einsetzungsverfahren. Schreibe in dein Übungsheft.**

a) (I) $y = 2x + 4$
(II) $4x + 2y = 8$

b) (I) $y = 3x - 3$
(II) $4y + 4x = 12$

ÜBUNG 32 **Bestimme die Lösung des linearen Gleichungssystems mit dem Additionsverfahren. Vervollständige die Aufgabe.**

(I) $2x - 3y = 2$
(II) $x - 4y = -4$

Forme die Gleichungen so um, dass bei ihrer Addition eine Variable wegfällt, und löse sie nach y auf.

(I) $2x - 3y = 2$
(II) $x - 4y = -4 \mid \cdot (-2)$

(I) $2x - 3y = 2$
(II) $-2x + \_\_\_ = \_\_\_$

(III) $\_\_\_ = \_\_\_$

$y = \_\_\_$ in (I) einsetzen ergibt:

$2 \cdot x - 3 \_\_\_ = 2$

$x = \_\_\_$

Lösung: (___ | ___)

ÜBUNG 33 **Bestimme die Lösung der linearen Gleichungssysteme mit dem Additionsverfahren. Schreibe in dein Übungsheft.**

a) (I) $3x + 5y = 21$
(II) $4x + y = 11$

b) (I) $2x + 4y = 1$
(II) $4x + 8y = 2$

ÜBUNG 34 **Bestimme rechnerisch die Lösung der linearen Gleichungssysteme mit einem Verfahren deiner Wahl. Überprüfe zunächst, welches Verfahren sich anbietet.**

a) (I) $3x + 4y = 32$
(II) $3x + 7y = 47$

b) (I) $y = 14 - x$
(II) $y = x - 14$

c) (I) $3y - 6x = 3$
(II) $y = 3x - 2$

ÜBUNG 35 **Im Kino kosten zwei Portionen Popcorn und drei Becher Cola zusammen 11 €. Eine Portion Popcorn und zwei Becher Cola kosten insgesamt 6,50 €. Wie viel kostet jeweils eine Portion Popcorn bzw. ein Becher Cola?**

TESTEN

KLASSENARBEIT 1

60 Minuten

AUFGABE 1 **Entscheide jeweils, ob die angegebene Zuordnung proportional, indirekt proportional oder keines von beidem ist. Begründe deine Entscheidung.**

a)	b)	c)	d)
Zahl der Getränkeflaschen → Preis	Zahl der Arbeitskräfte → Dauer des Hausbaus	Anzahl der Einheiten → Höhe der Telefonrechnung	Anzahl der Eier → Kochzeit der Eier

AUFGABE 2 **Überlege dir für jede Tabelle, ob sie zu einer proportionalen oder zu einer indirekt proportionalen Zuordnung gehört und ergänze sie entsprechend.**

a)

Größe x	4	12		20
Größe y	33	11	16	

b)

Größe x	22	48	18	
Größe y	16,5	36		6

AUFGABE 3 **Zeichne jeweils den zugehörigen Graphen in ein Koordinatensystem. Bearbeite diese Aufgabe in deinem Übungsheft.**

a) $y = x + 2$ b) $y = 5 - 3x$ c) $y = 1$

AUFGABE 4 **Gib für die Graphen jeweils m und c sowie ihre Zuordnungsvorschrift in der Form y = mx + c an. Schreibe in dein Übungsheft.**

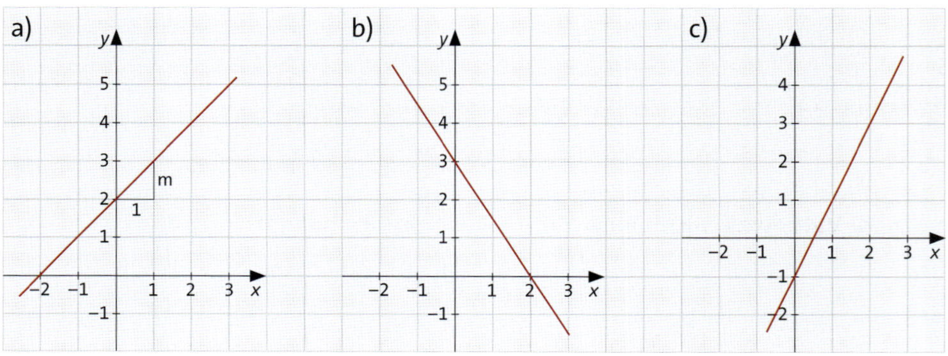

AUFGABE 5 **Ein Öltank wird leer gepumpt. Nach 3 Minuten befinden sich noch 300 Liter, nach 5 Minuten noch 200 Liter Öl im Tank. Fertige ein Schaubild der Zuordnung *Zeit in Minuten → Öl in Liter* an. Lies ab:**

a) Wie viel Öl befand sich vor dem Abpumpen im Tank?
b) Wie lange dauert es, bis der Tank leer gepumpt ist?
c) Gibt die Zuordnungsvorschrift *Zeit in Minuten → Öl in Liter* an.

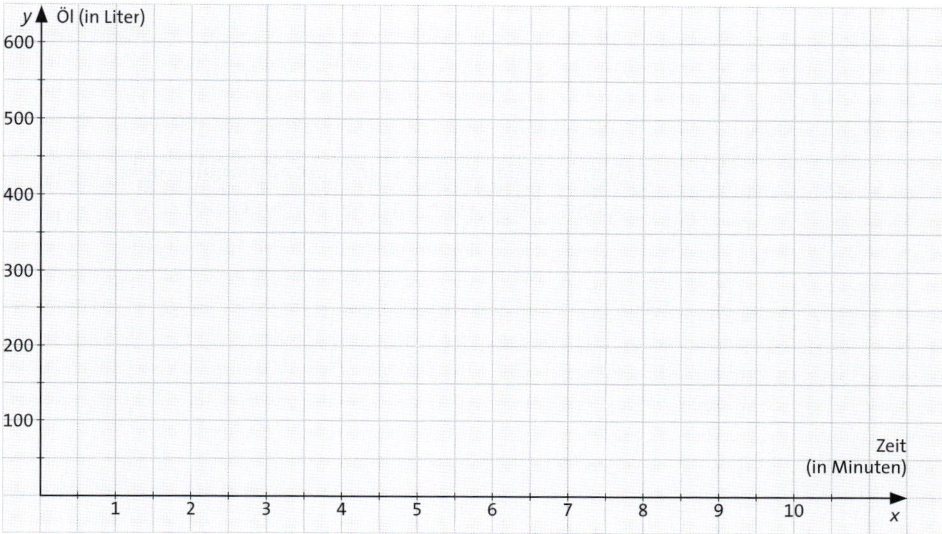

AUFGABE 6 **Löse die linearen Gleichungssysteme rechnerisch. Entscheide jeweils, welches Lösungsverfahren sich anbietet.**

a) (I) $x + 3y = 3$
(II) $x - 3y = -3$

b) (I) $y = x$
(II) $y = 2x$

c) (I) $3x + 2y = 8$
(II) $y = x + 4$

AUFGABE 7 **Lina und Nele kaufen ihrer Mutter Blumen zum Geburtstag. Lina kauft einen Strauß aus drei Rosen und zwei Lilien und bezahlt 9,50 €.**
Neles Strauß besteht aus zwei Rosen und drei Lilien. Sie bezahlt 10,50 €.

a) Stelle zwei Gleichungen auf und berechne den Einzelpreis für eine Rose bzw. für eine Lilie.
b) Ihr Vater weiß nicht, dass seine Kinder Blumen gekauft haben und möchte seiner Frau einen Strauß mit zehn Rosen und vier Lilien schenken. Wie viel Geld muss er bezahlen?

TESTEN

KLASSENARBEIT 2

60 Minuten

AUFGABE 8 **Vervollständige die Tabellen und zeichne die Graphen der Zuordnungen. Um welche Art Zuordnung handelt es sich?**

a)

Volumen in l	1	2	3	4,5			1,5	0,8
Preis in €	0,80	1,60			4,80	6,00		

b)

Höhe in cm	10	20	30	40			100	78
Masse in kg		1			3,8	4,5	5	

AUFGABE 9 **Vervollständige die Tabellen so, dass indirekt proportionale Zuordnungen entstehen.**

a)

x	1	2,5	5	2	
y			5		50

b)

x	1	2	3	4	
y		6			0,5

c) Erläutere deine Vorgehensweise.

AUFGABE 10 **Folgende Zuordnungsvorschriften stellen lineare Funktionen dar. Zeichne die Graphen der Funktionen in ein Koordinatensystem. Gib die jeweiligen Funktionsgleichungen an.**

a) Jeder Zahl wird ihre Hälfte zugeordnet.

b)

x	0	1	2	3
y	2	5	8	11

c) *Zahl → das um drei verminderte Doppelte der Zahl*

AUFGABE 11 **Durch $y = -1{,}5x + 2$ ist eine lineare Gleichung gegeben.**

a) Trage fünf Zahlenpaare, die diese Gleichung erfüllen, in die Wertetabelle auf der nächsten Seite ein. Zeichne den Graphen der Funktion in das Koordinatensystem auf der nächsten Seite.

b) Gehören folgende Punkte zur Funktion?
A(−2|5); B(−1|2,5); C(1,5|−0,25); D(3|−2,5); E(4|4); F(5|−5,5)

c) Gib den Punkt P an, in dem der Graph der Funktion die y-Achse schneidet.

x					
y					

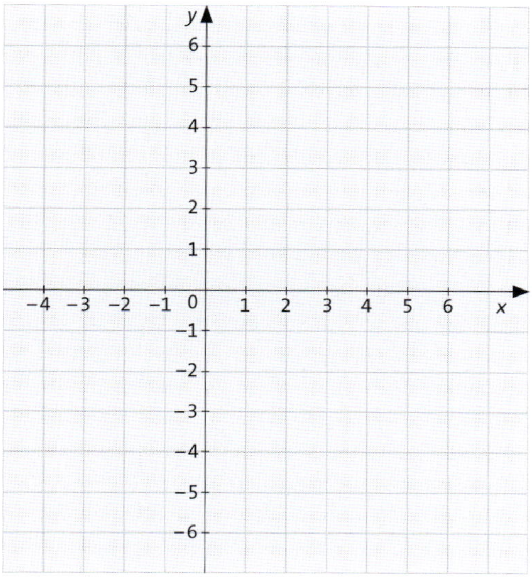

AUFGABE 12 **Der Futtervorrat eines Gestüts reicht für 40 Pferde 30 Tage. Wie lange reicht das Futter für …**

a) 60 Pferde? b) 24 Pferde? c) 35 Pferde?

AUFGABE 13 **Ein Pkw fährt eine längere Strecke auf der Autobahn. Der Fahrer versucht, seine Geschwindigkeit konstant zu halten, sie beträgt 110 $\frac{km}{h}$.**
Welche Strecke legt der Pkw in 40 Minuten zurück?

AUFGABE 14 **Bestimme die Lösungen der Gleichungssysteme.**

a) (I) $y = 3x - 6$
(II) $y = 4x + 7$

b) (I) $y = 3x + 8$
(II) $x + y = 12$

c) (I) $y = 2x - 1$
(II) $4x - 2y = 2$

AUFGABE 15 **Eine Pension hat 13 Gästezimmer. In Einzel- und Doppelzimmern stehen insgesamt 20 Betten zur Verfügung. Wie viele Einzel- und wie viele Doppelzimmer hat die Pension?**

KLASSENARBEIT 3

65 Minuten

AUFGABE 16 **Überprüfe, ob die gegebenen Zuordnungen direkt oder indirekt proportional sind. Begründe deine Entscheidung mithilfe einer Gleichung. Gib den Proportionalitätsfaktor bzw. das gemeinsame Produkt an.**

a)

x	5	4	2	1	0,5	0,1
y	0,2	0,25	0,5	1	2	10

b)

x	1	3	5	7	9	11
y	3	7	12	22	24	35

c)

x	3	5	11	9	7	20
y	2	$\frac{10}{3}$	$\frac{22}{3}$	6	$\frac{14}{3}$	$13\frac{1}{3}$

AUFGABE 17 **20 Pflücker benötigen 24 Stunden zum Ernten der reifen Äpfel in einer Obstplantage.**

a) Wie lange würden 30, 24, 10 bzw. 4 Pflücker arbeiten?

b) Stelle den Zusammenhang zwischen der Anzahl der Pflücker und der benötigten Zeit in einem Koordinatensystem mit einem geeigneten Maßstab dar. Ergänze die Werte, die du schon kennst, eventuell durch weitere Zahlenpaare. Beschreibe dein Ergebnis.

AUFGABE 18 **Bestimme zeichnerisch die Lösungen der Gleichungen.**

a) $2{,}5x - 5 = 0$

b) $\frac{3}{5}x - 3 = -\frac{33}{10}$

c) $-2{,}5x = 5$

AUFGABE 19 **Die Graphen der beiden linearen Funktionen schneiden sich in dem Punkt S. Bestimme diesen zuerst zeichnerisch, anschließend rechnerisch.**

a) (I) $y = -3x$
(II) $y = \frac{1}{2}x - 7$

b) (I) $2x - 5y + 10 = 0$
(II) $y = -2x - 0{,}4$

AUFGABE 20 **Zeichne die Graphen der beiden Funktionen in ein Koordinatensystem. Welchen Punkt haben die Funktionen gemeinsam?**

(1) $y = 2x - 4$

(2) $y = -\frac{1}{2}x + 1$

AUFGABE 21 Bestimme die Funktionsgleichungen zu den abgebildeten Graphen.

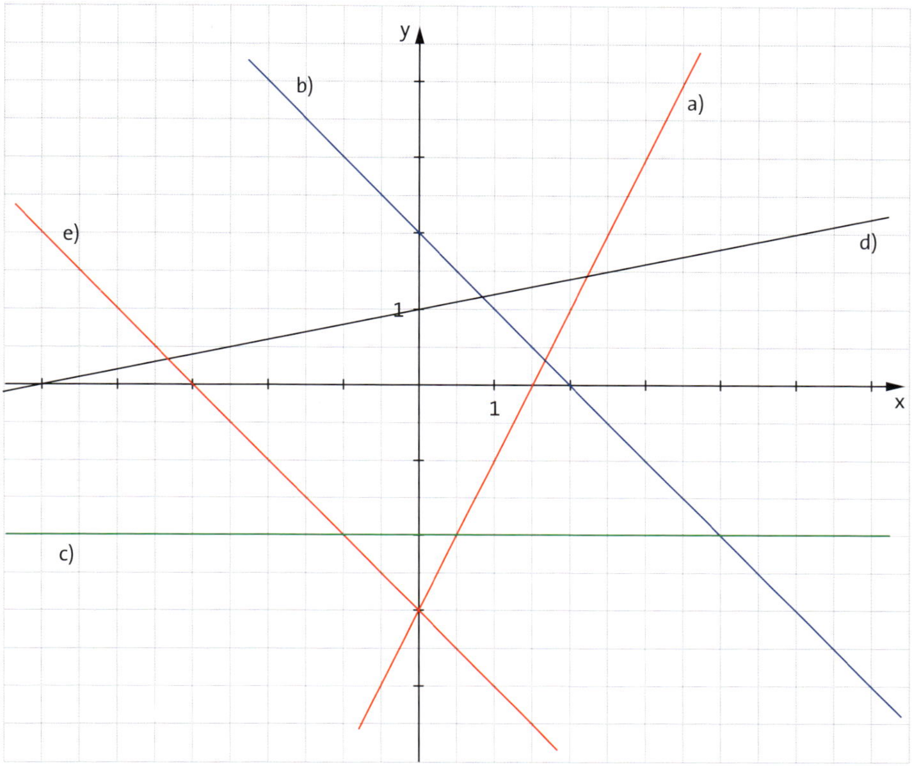

AUFGABE 22 Die Summe aus dem Dreifachen einer Zahl und dem Siebenfachen einer anderen Zahl ist 98. Die Differenz aus dem Fünffachen der ersten Zahl und dem Doppelten der zweiten Zahl ist 13. Wie heißen die beiden Zahlen?

TESTEN

5 Grundkonstruktionen

5.1 Geraden, Kreise, Winkel und Abstände

Punkte bezeichnet man mit Großbuchstaben A, B, C, ... **Koordinaten** eines Punktes P im **Koordinatensystem** werden durch **P(x|y)** bezeichnet (↗ Kap 1.1).

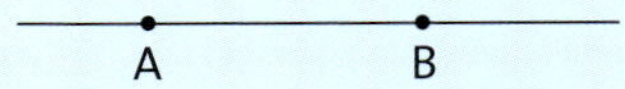

Die kürzeste Verbindung zwischen zwei Punkten A und B heißt **Strecke** AB.
Der **Abstand c** zwischen zwei Punkten A und B ist gleich der **Länge** der Strecke AB.
Die Länge bezeichnet man mit $\overline{AB}$.

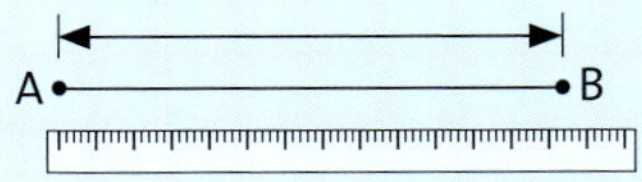

A und B sind die Endpunkte der Strecke AB.

Verlängert man die Strecke AB unendlich über **einen** Endpunkt hinaus, entsteht eine **Halbgerade** (ein **Strahl**).
Verlängert man die Strecke AB unendlich über **beide** Endpunkte hinaus, entsteht die **Gerade g.**
Der **Abstand eines Punktes P von einer Geraden g** ist die Länge d der senkrechten Verbindungsstrecke von P zu g.

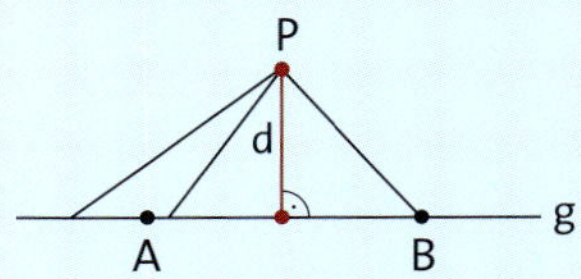

Die senkrechte Verbindungsstrecke von P zu g ist zugleich die kürzeste.

Auf einem **Kreis K** um den **Mittelpunkt M** liegen alle Punkte, die von M den gleichen **Abstand r** haben. **r** heißt **Radius** des Kreises.

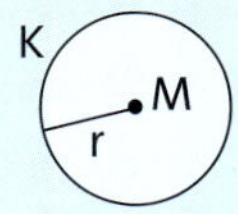

K(M; r)

Zwei **Halbgeraden** s_1 und s_2 mit gemeinsamem Anfangspunkt S bilden den **Winkel** α.
s_1 und s_2 nennt man die **Schenkel** und S den **Scheitelpunkt** des Winkels.

Winkel werden *entgegen dem Uhrzeigersinn* gemessen und gezeichnet.

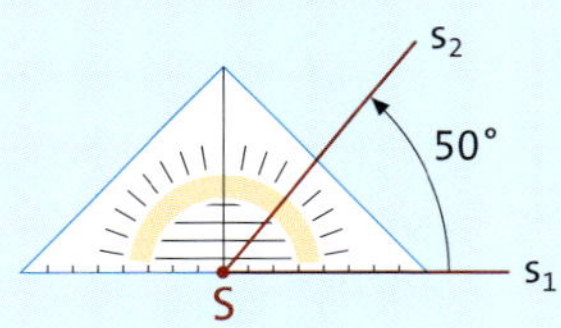

Winkel werden bezeichnet entweder durch
- kleine griechische Buchstaben: α, β, γ, ... oder
- durch Angabe der beiden Schenkel $\sphericalangle(s_1, s_2)$ oder
- durch Angabe von drei Punkten: einem Punkt des ersten Schenkels, dem Scheitelpunkt und einem Punkt des zweiten Schenkels $\sphericalangle$ ASB.

Folgende **Winkelarten** kennst du:
Nullwinkel: $\alpha = 0°$
spitzer Winkel: $0° < \alpha < 90°$
rechter Winkel: $\alpha = 90°$
stumpfer Winkel: $90° < \alpha < 180°$
gestreckter Winkel: $\alpha = 180°$
überstumpfer Winkel: $180° < \alpha < 360°$
Vollwinkel: $\alpha = 360°$

ÜBUNG 1 **Zeichne den angegebenen Winkel. (Hinweis: Berücksichtige beim Zeichnen, dass ein Winkel, der größer als 180° ist, zum Zeichnen in zwei Winkel zerlegt werden kann: Einen Winkel von 210° kannst du z. B. in einen Winkel von 180° und einen von 30° zerlegen.)**

a) 45° b) 70° c) 180°
d) 200° e) 290° f) 90°

ÜBUNG 2 **Miss die Größe der folgenden Winkel und benenne jeweils die Winkelart.**

a)
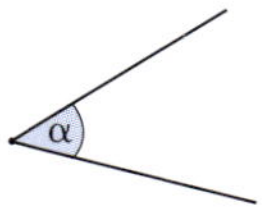

b)
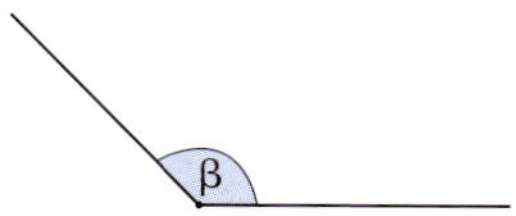

c)
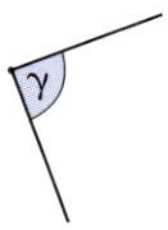

d)
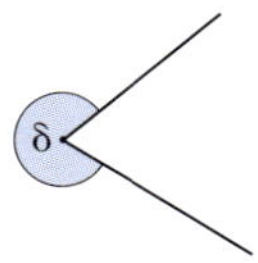

ÜBUNG 3 **Setze die passenden Begriffe und Zahlen ein.**

a) Die Länge einer Strecke entspricht dem ______ ihrer Endpunkte.

b) Ben ist 6 m von Anna und Tim ist 4 m von Ben entfernt. Dann ist Anna mindestens ______ m und höchstens ______ m von Tim entfernt, wenn alle 3 auf einer Geraden stehen.

WISSEN

Lagebeziehungen zwischen zwei Geraden
Für zwei Geraden g und h gilt entweder:
1. Sie schneiden sich in einem Punkt S (**Schnittpunkt** der Geraden). Oder
2. sie haben keinen Punkt gemeinsam, d. h., sie sind **parallel** zueinander. Man schreibt g||h. Oder
3. sie sind identisch.

Merke: Der Abstand zweier paralleler Geraden ist gleich dem Abstand eines Punktes der einen Geraden zur anderen Geraden.

(1)
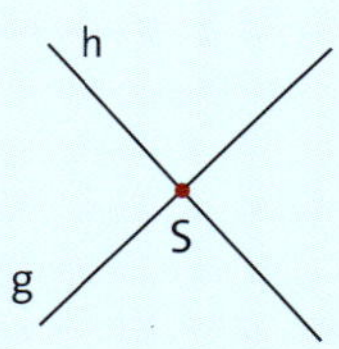

(2)
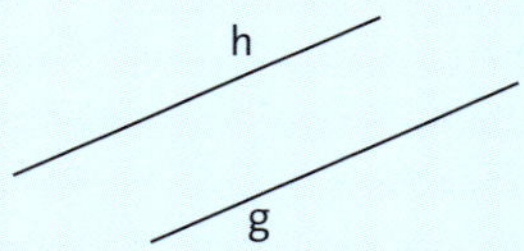

ÜBUNG 4 **In der Abbildung werden Ausschnitte von vier Geraden dargestellt. Notiere in deinem Übungsheft alle zutreffenden Lagebeziehungen zwischen je zwei Geraden.**

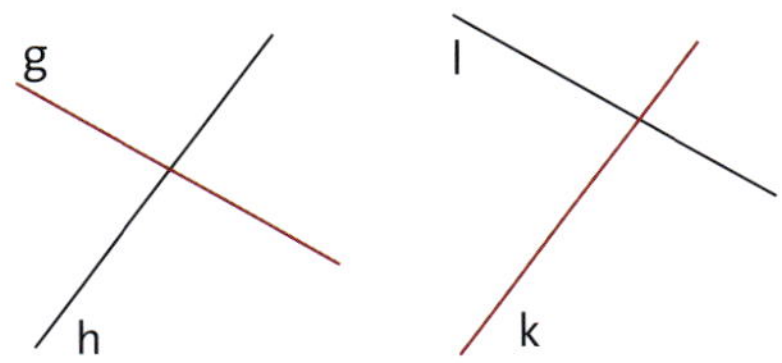

ÜBUNG 5 **Zeichne ein Koordinatensystem ($-4 \leq x \leq 7$ und $-4 \leq y \leq 7$) in dein Übungsheft und trage den Mittelpunkt M (2|1) ein. Zeichne nun den Kreis K (M; r), auf dessen Rand der Punkt A (6|1) liegt.**

a) Welche gemeinsame Eigenschaft besitzen alle Punkte auf K?
b) Gib alle Punkte auf K an, deren x-Wert und deren y-Wert je eine ganze Zahl ist.
c) Gib jeweils einen Punkt an, bei dem nur einer der Werte eine ganze Zahl ist.
d) Gib schließlich einen Punkt an, bei dem weder der x-Wert noch der y-Wert eine ganze Zahl ist.
e) Verbinde alle Punkte aus Teil b) miteinander und gib alle Seitenlängen an. Benenne alle rechten Winkel, die hierbei auftreten.

ÜBEN

WISSEN

Parallelen gleichen Abstands
(g, h_1, h_2, ...) legen auf jeder Schnittgeraden (k_1, k_2, ...) stets Strecken gleicher Länge fest.

$\overline{R_1P_1} = \overline{P_1Q_1}$

$\overline{R_2P_2} = \overline{P_2Q_2}$

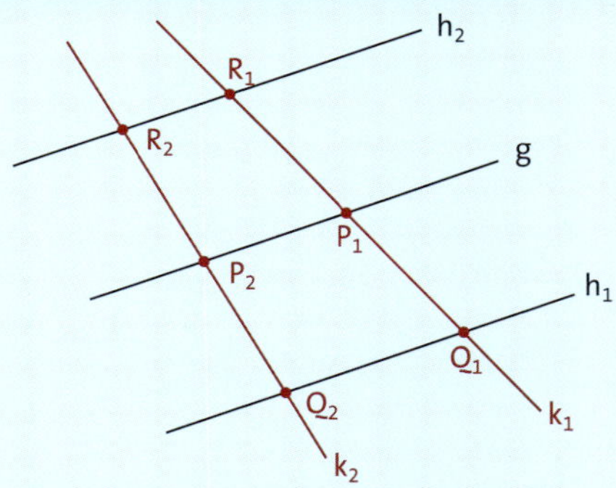

ÜBUNG 6 **Zeichne eine beliebige Gerade g in dein Übungsheft.**

a) Trage mithilfe des Geodreiecks die beiden Geraden h_1 und h_2 ein, die jeweils im Abstand von 2 cm parallel zu g verlaufen.
b) Zeichne eine *beliebige* Gerade k, die g im Punkt P, h_1 in Q und h_2 in R schneidet. Miss und notiere die Länge von PQ und die Länge von PR und vergleiche sie.
c) Wiederhole Teil b) sinngemäß für eine *beliebige* weitere Schnittgerade k*, die k im Punkt P schneidet.

5.2 Konstruktionen mit Zirkel und Lineal

Abtragen einer Strecke AB:
Die Strecke AB der Länge a wird auf der Geraden g vom Punkt P aus abgetragen:
1. Zeichne einen Kreis mit dem Radius a um den Mittelpunkt P.
2. Dieser Kreis schneidet g in den Punkten C und C'.
3. PC und PC' haben die Länge a = $\overline{AB}$.

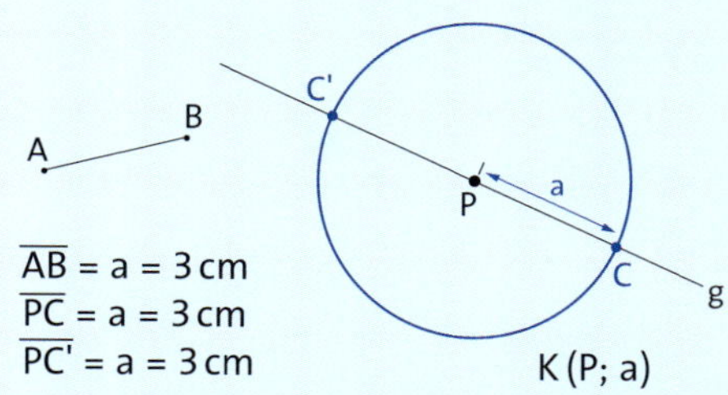

Halbieren einer Strecke AB:
1. Zeichne einen Kreis K_1 um A, dessen Radius r größer ist als die halbe Streckenlänge $\overline{AB}$.
2. Zeichne um B einen Kreis K_2 mit **demselben Radius.**
3. Die Kreise schneiden sich in P und Q.
4. Die Gerade m durch P und Q ist **Mittelsenkrechte** zu AB.
5. m schneidet AB im **Mittelpunkt** M.

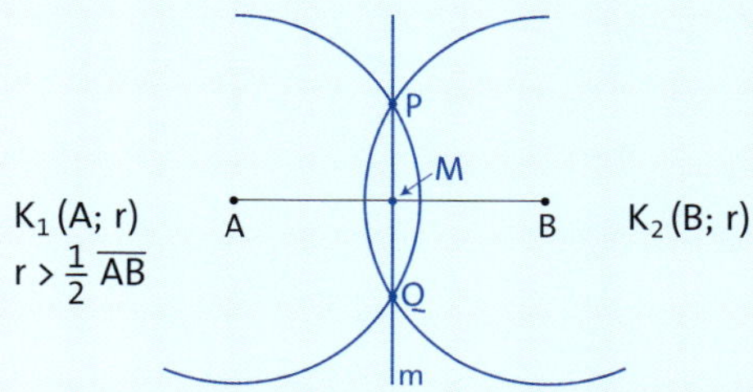

Antragen eines Winkels:
α wird an einer Halbgeraden h mit dem Scheitelpunkt P angetragen:
1. Zeichne einen Kreis K_1 mit beliebigem Radius a um S. Dieser schneidet die Schenkel von α in A und B.
2. Zeichne einen Kreis K_2 **mit demselben Radius** um P. Dieser schneidet die Halbgerade h im Punkt Q.
3. Zeichne einen Kreis K_3 um Q mit dem Radius $\overline{AB}$. Er schneidet den Kreis um P in R. ∢ QPR hat die Größe α.

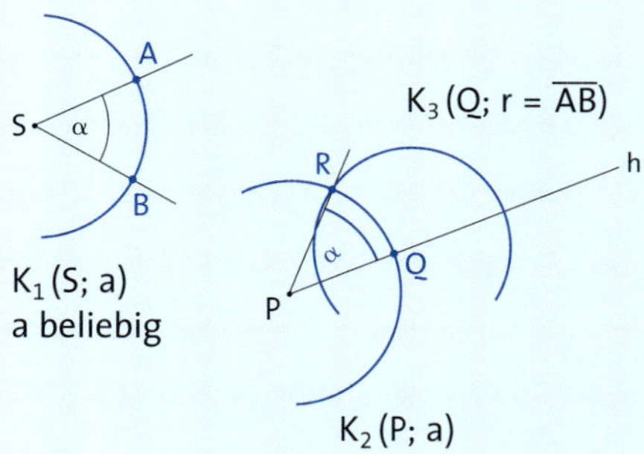

Halbieren eines Winkels:
1. Zeichne einen Kreis K um den Scheitelpunkt S von α. Dieser schneidet die beiden Schenkel von α in A und B.
2. Konstruiere die **Mittelsenkrechte** m von AB. Diese ist die **Winkelhalbierende** von α.

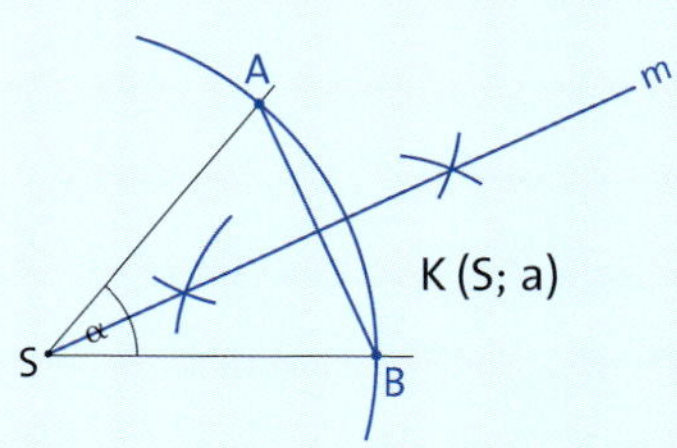

ÜBUNG 7 **Löse die folgenden Konstruktionsaufgaben.**
(Hinweis: Für die Teilaufgaben c) bis f) zeichne zuerst eine Gerade oder Halbgerade und beginne dann mit der Konstruktion des jeweiligen Winkels.)

a) Übertrage die unten abgebildete Strecke in dein Übungsheft und teile sie in 4 gleich lange Strecken.
b) Teile eine Strecke von 13,9 cm in 2 gleich lange Strecken.
c) Konstruiere einen rechten Winkel.
d) Konstruiere einen 45°-Winkel.
e) Konstruiere einen Winkel von 22,5°.
f) Konstruiere einen Winkel von 67,5°.

ÜBUNG 8 **Bei dieser Übung ist nur die Verwendung eines Zirkels erlaubt.**

a) Ist w in beiden Fällen die Winkelhalbierende?

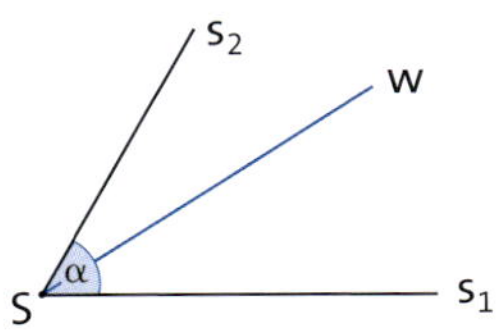

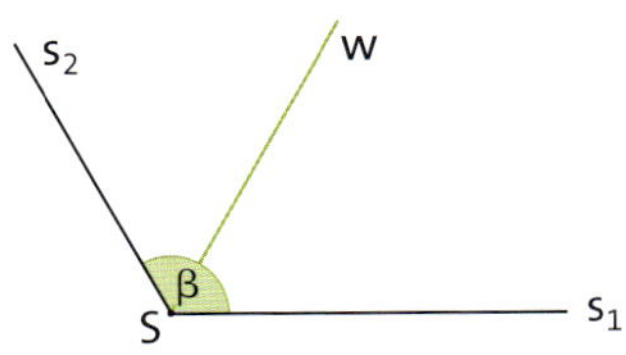

b) Ist der Winkel β doppelt so groß wie α?

WISSEN

Fälle ein Lot – errichte ein Lot
Um das **Lot von einem Punkt P auf eine Gerade g** zu fällen, gehe folgendermaßen vor:
1. Zeichne den Kreis K (P; r). Dieser schneidet g in A und B.
2. Errichte die Mittelsenkrechte auf AB (es wird nur noch der Punkt Q benötigt).
   Die Mittelsenkrechte auf AB ist das Lot auf g durch P.

Beachte: Liegt P selbst auf g, **so errichtet man das Lot auf g durch P.** Der Konstruktionsweg ändert sich nicht.

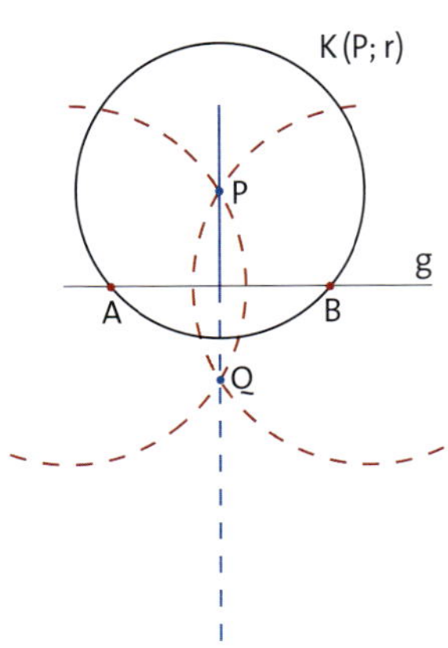

ÜBUNG 9 Setze die Konstruktionsschritte aus dem Kasten auf Seite 72 „Fälle ein Lot – errichte ein Lot“ in der unten abgebildeten Zeichnung um.

WISSEN

Konstruiere eine parallele Gerade
Um eine Parallele zu einer gegebenen Strecke durch einen Punkt P zu konstruieren, gehe folgendermaßen vor:

1. Fälle das Lot von P auf g und
2. errichte auf diesem das Lot in P. Dieses Lot liegt auf der gesuchten Parallelen zu g.

ÜBUNG 10 Konstruiere entsprechend der Konstruktionsbeschreibung im obigen Kasten die durch P verlaufende parallele Gerade zu g.

ÜBUNG 11 Zeichne ein Koordinatensystem in dein Übungsheft und zeichne die Gerade g durch die Punkte A (3|2) und B (5|0). Konstruiere die Parallele h durch den Punkt P (0|0).

ÜBUNG 12 Konstruiere eine Gerade, die in einem Abstand von 2 cm parallel zur Geraden g verläuft. Zeichne die Gerade g in dein Übungsheft und beginne die Konstruktion, indem du zuerst das Lot in einem beliebig gewählten Punkt P von g errichtest. Beschreibe die Konstruktionsschritte in deinem Übungsheft.

5.3 Kongruenzabbildungen

Achsenspiegelung

Eine Figur, die man entlang einer Geraden a so falten kann, dass zwei zueinander spiegelbildliche Teile entstehen, ist **achsensymmetrisch (spiegelsymmetrisch).**
Die Gerade a heißt Symmetrieachse.
- Punkt P und Spiegelpunkt P' liegen auf einer Geraden, die senkrecht zu a verläuft.
- P und P' haben denselben Abstand zu a.

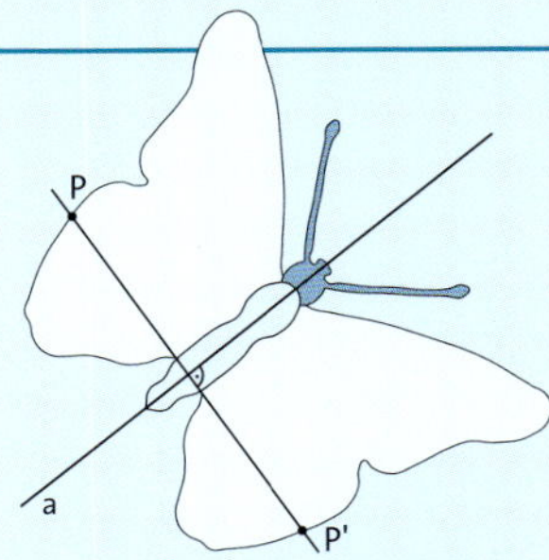

Spiegelpunkt P' von P konstruieren:
Achse a und Punkt P sind gegeben;
- wähle auf a beliebige Punkte A und B;
- zeichne einen Kreis K_1 um A mit $r_1 = \overline{AP}$ und einen Kreis K_2 um B mit $r_2 = \overline{BP}$.
- Die Kreise schneiden sich in P und P'.

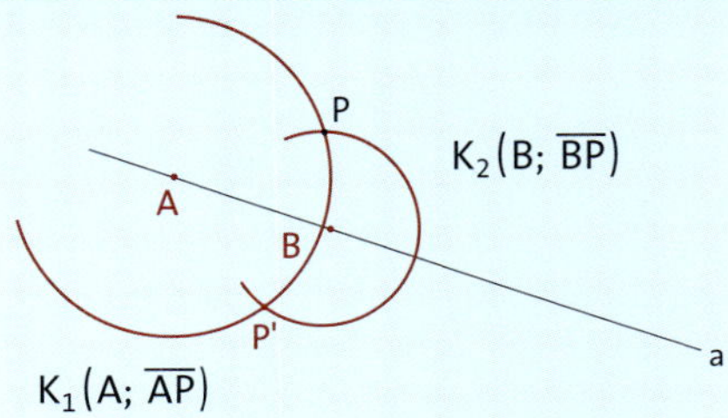

Punktspiegelung

Eine Figur, die durch eine **180°-Drehung** um den Punkt Z mit sich selbst zur Deckung gebracht werden kann, ist **punktsymmetrisch.** Z heißt Symmetriezentrum (Spiegelzentrum).
- P und P' liegen auf einer Geraden durch Z.
- P und P' haben denselben Abstand zu Z.

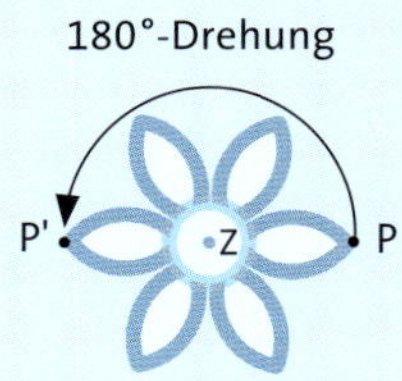

Spiegelpunkt P' von P konstruieren:
Symmetriezentrum Z und P sind gegeben;
- zeichne die Gerade g durch Z und P;
- zeichne einen Kreis K um Z mit $r = \overline{ZP}$.
- Der Kreis schneidet g in P und P'.

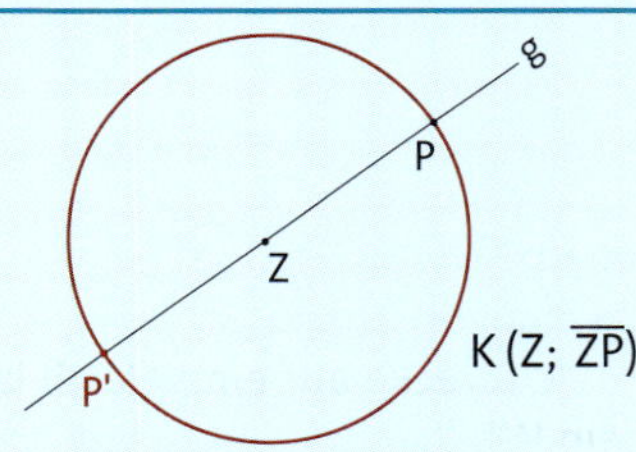

Symmetriezentrum konstruieren:
P und P' sind gegeben;
- zeichne die Gerade g durch P und P';
- konstruiere die Mittelsenkrechte m der Strecke PP' (↗ Kap. 5.2);
- die Mittelsenkrechte schneidet die Gerade durch P und P' im Symmetriezentrum Z.

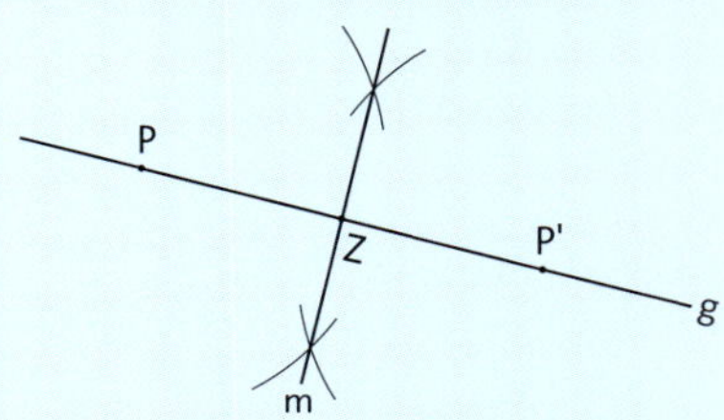

ÜBUNG 13 **Notiere in deinem Übungsheft alle großen Druckbuchstaben A, B, C usw., die genau eine bzw. zwei Symmetrieachsen besitzen. Notiere außerdem alle Buchstaben, die ein Symmetriezentrum besitzen.**

ÜBUNG 14 **Betrachte die Lösungen zu Übung 13 und stelle fest, welche Aussage wahr (w) oder falsch (f) ist:**

	w	f
a) Besitzt ein Buchstabe zwei Symmetrieachsen, stehen diese senkrecht aufeinander.	☐	☐
b) Besitzt ein Buchstabe ein Symmetriezentrum, so besitzt er zwei Symmetrieachsen.	☐	☐
c) Besitzt ein Buchstabe zwei Symmetrieachsen, so besitzt er ein Symmetriezentrum.	☐	☐

ÜBUNG 15 **Smiley hat nur eine einzige Symmetrieachse, darum gründet es zusammen mit drei weiteren Smileys ein Ballett, das viele Symmetrien darstellen kann.**

a) Zeichne jeweils alle auftretenden Symmetrieachsen und das Symmetriezentrum ein.

b) Was würde sich ändern, falls alle Smileys einen neutralen Gesichtsausdruck hätten?

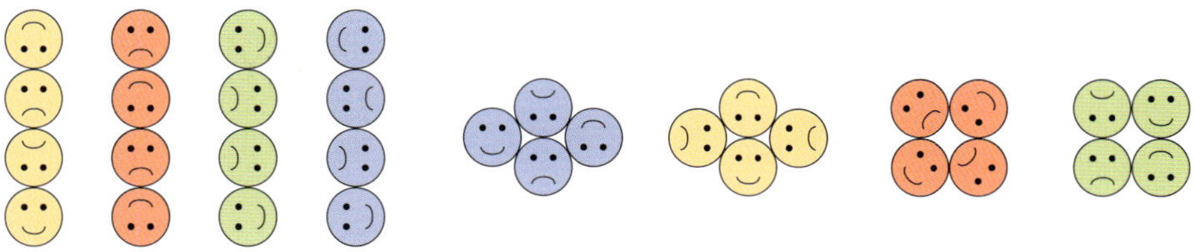

WISSEN

Eigenschaften von Spiegelungen

1. Bei einer Spiegelung wird immer
   – eine Strecke auf eine gleich lange Strecke,
   – ein Winkel auf einen gleich großen Winkel,
   – eine Gerade auf eine Gerade abgebildet.
2. Außerdem werden immer parallele Geraden auf parallele Geraden abgebildet. Man sagt auch: Eine Spiegelung ist streckentreu, winkeltreu, geradentreu und parallelentreu.
3. Bei einer Achsenspiegelung wird jeder Punkt der Spiegelachse a auf sich selbst gespiegelt und heißt **Fixpunkt.**
4. Bei einer Punktspiegelung wird das Zentrum Z auf sich selbst gespiegelt und heißt **Fixpunkt.**

ÜBUNG 16 **Fülle die Lücken so, dass sinnvolle Aussagen entstehen.**

a) Bei einer Punktspiegelung liegen die Punkte A, A' und das Symmetriezentrum Z auf ________ Geraden und Z ________ die Strecke AA'.

b) Jeder Punkt auf der Spiegelachse a hat ________ Entfernung von den Punkten A und A'. Deshalb ist a die ________ zur Strecke AA'.

ÜBUNG 17 **Welche der unten stehenden Begriffe weisen Symmetrien auf?**

a) TOT b) ANNA c) OTTO

d) ZOO e) BETE

ÜBUNG 18 **Übertrage das abgebildete Viereck – ein Trapez – (↗ Kap. 6.5) in dein Übungsheft. Welche Symmetrien weist das Trapez ABCD auf? Welche Symmetrieachsen und -zentren haben die neuen zusammengesetzten Figuren aus a) – c)?**

a) Führe eine Achsenspiegelung an der Achse durch B und C durch.
b) Spiegle die Figur am Mittelpunkt der Strecke BC.
c) Spiegle die Figur am Mittelpunkt der Strecke AD.

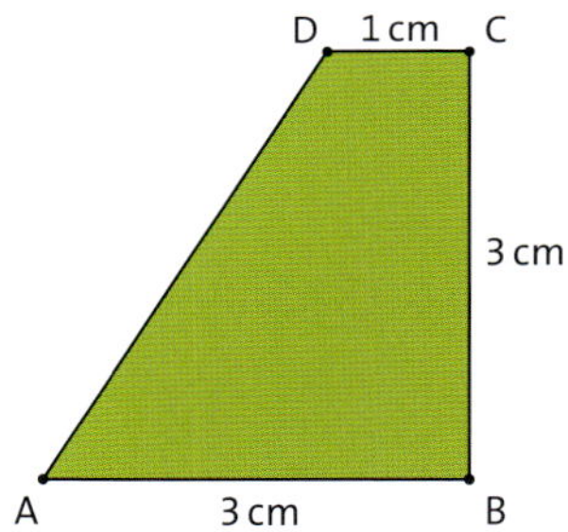

ÜBUNG 19 **Vervollständige die unten abgebildete Spielkarte so, dass eine punktsymmetrische Karte entsteht.**

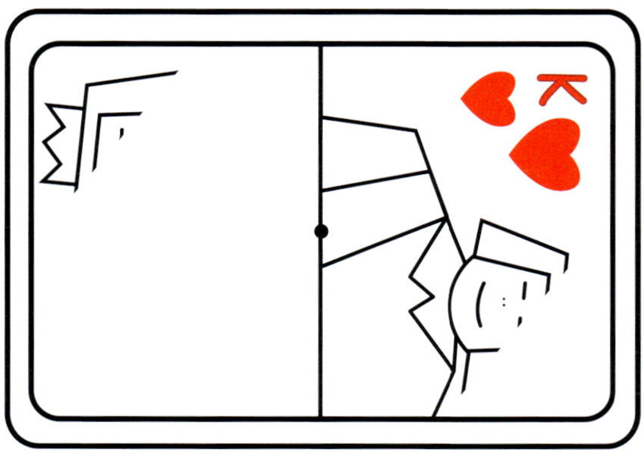

ÜBUNG 20 **Paul behauptet, dass ein Dreieck nicht punktsymmetrisch sein kann. Hat er recht? Begründe deine Antwort.**

ÜBUNG 21 **Betrachte das unten stehende Wort. Drehe das Blatt um 180°. Was fällt dir auf? Begründe, warum das so ist.**

WISSEN

Verschiebung
Eine **Verschiebung** ist eine Abbildung, die durch einen **Verschiebungspfeil** $\vec{v}$ jedem Punkt P eindeutig einen Bildpunkt P' zuordnet. Die Pfeile, mit denen die Verschiebungen der einzelnen Punkte gekennzeichnet werden, sind parallel zueinander.

Verschiebung eines Punktes P:
1. Zeichne dünn eine Verlängerung von $\vec{v}$, sodass du eine Gerade g erhältst.
2. Konstruiere eine Gerade h durch P, die parallel zu g verläuft.
3. Trage die Länge des Verschiebungspfeils auf h ab und markiere den Bildpunkt P' auf h.

Beachte: Die Angabe eines Verschiebungspfeils kann auch in Worten erfolgen: „Verschiebe das Viereck um 3 cm nach rechts und um 1 cm nach oben.“

Wenn du eine **Figur verschieben** willst, genügt es, wichtige Punkte (Eckpunkte) zu verschieben und diese entsprechend der Ausgangsfigur zu verbinden.

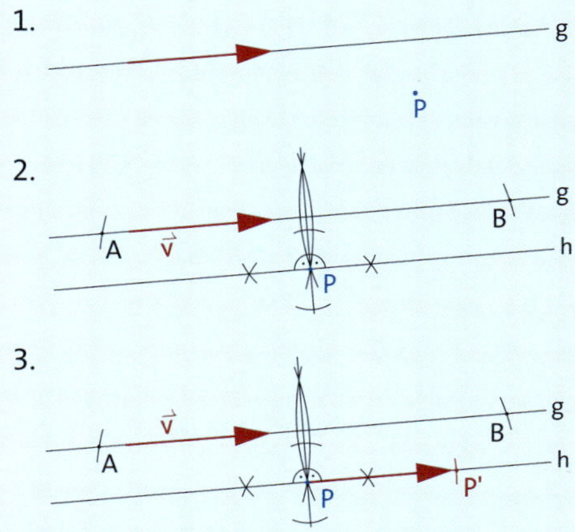

ÜBUNG 22 **Es gibt eine Verschiebung, die A auf D abbildet. Zeichne dafür einen Pfeil und verschiebe damit die gesamte Figur.**

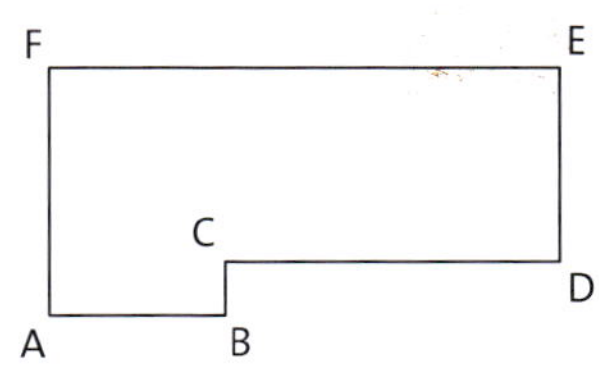

5.4 Winkel an Geraden und Parallelen

Winkel an sich schneidenden Geraden

Schneiden sich zwei Geraden g und h, erzeugen sie eine **Geradenkreuzung** und **vier Winkel.**

Für Winkel an Geradenkreuzungen gilt:

- Einander gegenüberliegende Winkel heißen **Scheitelwinkel.** Scheitelwinkel sind **gleich groß.**
- Winkel, die einen Schenkel und den Scheitel gemeinsam haben, heißen **Nebenwinkel.** Nebenwinkel **ergänzen sich zu 180°.**

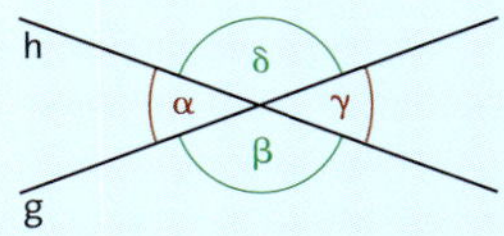

Es entstehen vier Winkel: α, β, γ und δ.
α und γ sind *Scheitelwinkel:* $\alpha = \gamma$.
Aus $\alpha = 40°$ folgt $\gamma = 40°$.

α und δ sind *Nebenwinkel:* $\alpha + \delta = 180°$.
Aus $\alpha = 40°$ folgt $\delta = 140°$.

Winkel an geschnittenen Parallelen

Werden zwei **parallele** Geraden g_1 und g_2 von einer Geraden h geschnitten, so entsteht eine **Doppelkreuzung.**

Es entstehen insgesamt 8 Winkel:

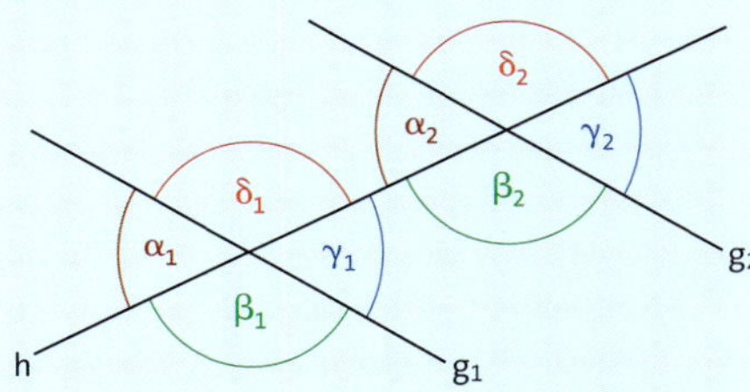

Für die entstehenden Winkel gilt:

- **Stufenwinkel (F-Winkel)** an geschnittenen Parallelen sind gleich groß.
- **Wechselwinkel (Z-Winkel)** an geschnittenen Parallelen sind gleich groß.
- **Nachbarwinkel (E-Winkel)** an geschnittenen Parallelen ergänzen sich zu 180°.

Umgekehrt gilt:

- Sind zwei Stufenwinkel gleich groß, so liegen sie an parallelen Geraden.
- Sind zwei Wechselwinkel gleich groß, so liegen sie an parallelen Geraden.
- Ergänzen sich zwei Nachbarwinkel zu 180°, so liegen sie an parallelen Geraden.

α_1 und α_2 sind Stufenwinkel;
$\alpha_1 = \alpha_2$

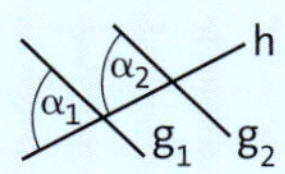

δ_1 und β_2 sind Wechselwinkel;
$\delta_1 = \beta_2$

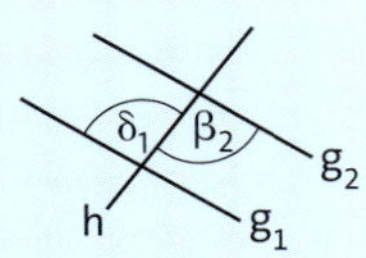

γ_1 und β_2 sind Nachbarwinkel;
$\gamma_1 + \beta_2 = 180°$

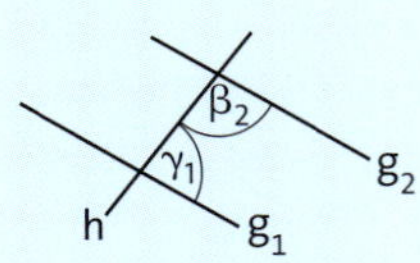

ÜBUNG 23 **Bestimme die Winkelgrößen ohne zu messen. (Hinweis: g und h sind parallel, i schneidet g und h.)**

a)

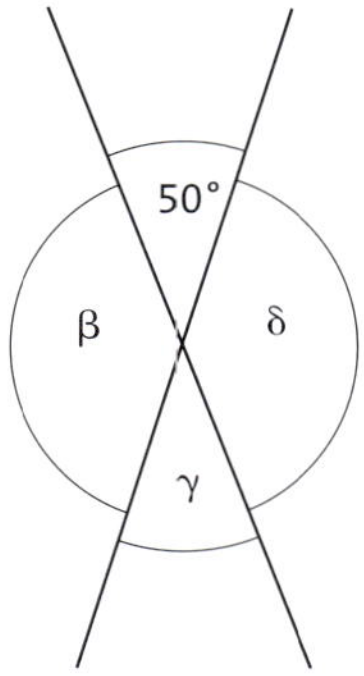

b)

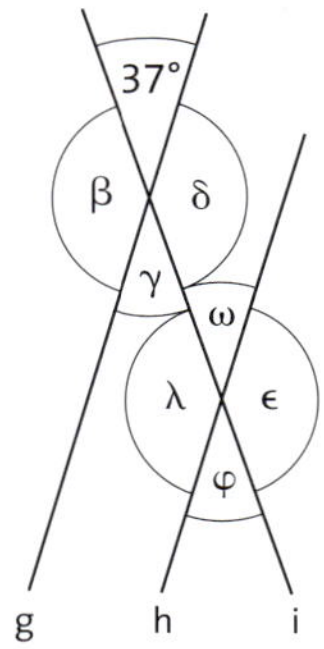

ÜBUNG 24 **Die Parallelen g und h werden von den Geraden k und l geschnitten. Zeichne und färbe alle Winkel rot, die genauso groß sind wie α; zeichne und färbe alle Winkel grün, die genauso groß sind wie β.**

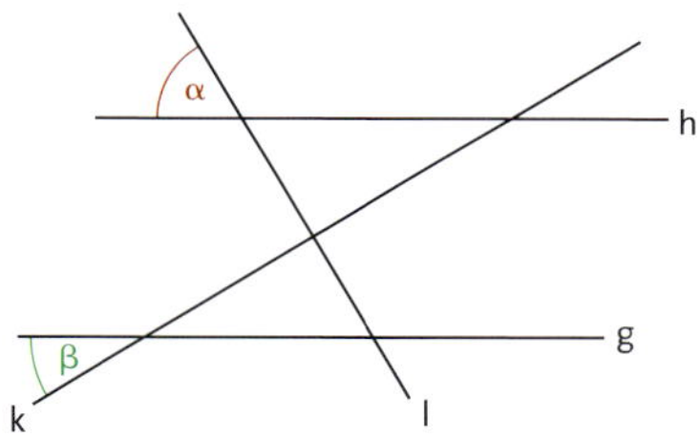

ÜBUNG 25 **Die Parallelen g_1 und g_2 werden von den Parallelen h_1 und h_2 geschnitten. Wie groß sind die Winkel β, δ, ϵ und φ? Begründe deine Berechnungen. Vorsicht: Die Winkelmaße stimmen nicht, Messen lohnt sich hier nicht!**

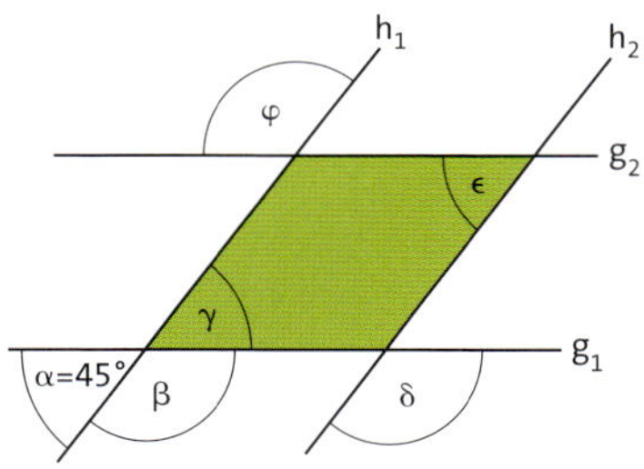

ÜBUNG 26 **Wie groß sind die jeweiligen Winkel?**

a Winkel α ist doppelt so groß wie sein Nebenwinkel β.
b Winkel γ ist 20° größer als sein Nebenwinkel δ.
c) Winkel ϵ ist 5-mal so groß wie sein Nebenwinkel λ.
d) Winkel ω ist 3-mal so groß wie sein Nachbarwinkel φ.

ÜBUNG 27 **Berechne jeweils alle Winkel.**

a)

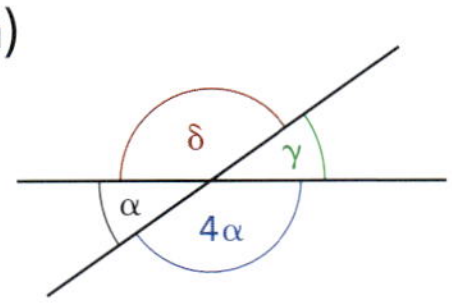

b)

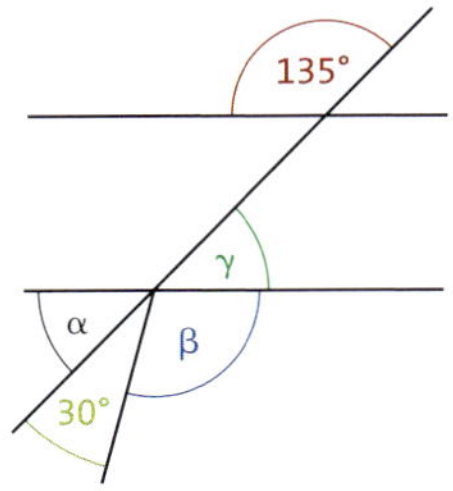

ÜBUNG 28 **Stelle fest, welche der folgenden Aussagen wahr (w) bzw. falsch (f) sind.**

	w	f
a) Der Wechselwinkel eines Winkels α ist der Scheitelwinkel des Stufenwinkels von α.	☐	☐
b) Nebenwinkel sind stets unterschiedlich groß.	☐	☐
c) Der Scheitelwinkel eines Winkels α ist der Stufenwinkel des Wechselwinkels von α.	☐	☐
d) Wenn zwei Stufenwinkel gleich groß sind, dann sind die geschnittenen Geraden parallel zueinander.	☐	☐

ÜBUNG 29 **Eine Autobrücke besitzt die abgebildete Trägerkonstruktion. Wie groß ist der Winkel γ, wenn $\alpha = 80°$ und $\beta = 50°$ bekannt sind?**

ÜBUNG 30 **Beurteile das kurze Gespräch zwischen Anna und ihrer Nachbarin Sophie.**

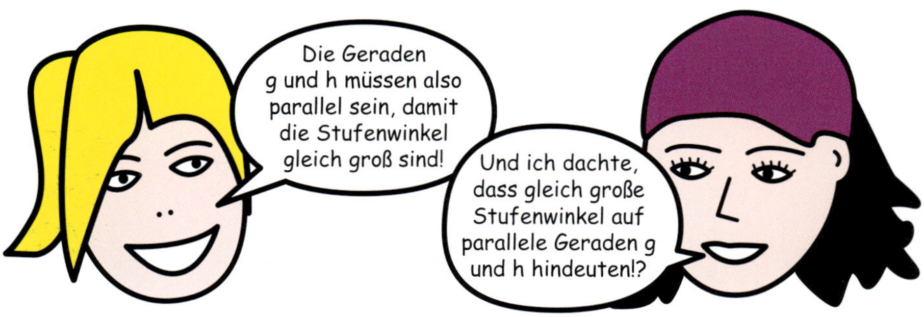

5.5 Geraden und Winkel am Kreis

Eine Gerade p, die einen Kreis in keinem Punkt berührt, heißt **Passante.**
Eine Gerade t, die einen Kreis in genau einem Punkt T **(Berührpunkt)** berührt, heißt **Tangente.**
Eine Gerade s, die einen Kreis in zwei Punkten schneidet, heißt **Sekante.**
Eine Strecke AB, die zwei Punkte des Kreises verbindet, heißt eine **Sehne** des Kreises.
Eine Sehne, die durch den Kreismittelpunkt geht, heißt **Durchmesser** d.
Ein **Kreisbogen** ist ein durch zwei Punkte A und B begrenztes Stück der Kreislinie.

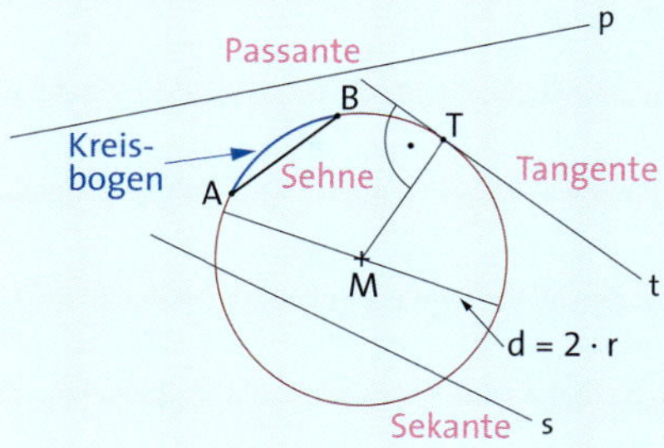

Eine Tangente t bildet mit dem **Berührradius** (Strecke MT) immer einen *rechten Winkel.*

Der Winkel ∢ BMA heißt **Mittelpunktswinkel (Zentriwinkel).**
Der Winkel ∢ BSA heißt **Umfangswinkel (Peripheriewinkel).**

Eine **Sehne** ST schneidet eine Tangente t in T unter dem **Sehnentangentenwinkel** γ.

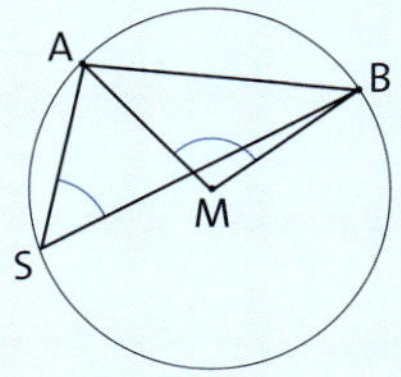

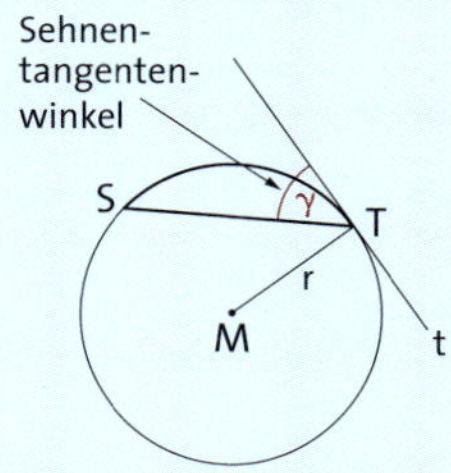

Mittelpunktswinkelsatz:
Über jedem Kreisbogen b ist der Mittelpunktswinkel doppelt so groß wie der Umfangswinkel.

Umfangswinkelsatz:
Alle Umfangswinkel über demselben Kreisbogen b sind gleich groß.

Sehnentangentenwinkelsatz:
Ein Sehnentangentenwinkel ist gleich dem Umfangswinkel auf der anderen Sehnenseite.

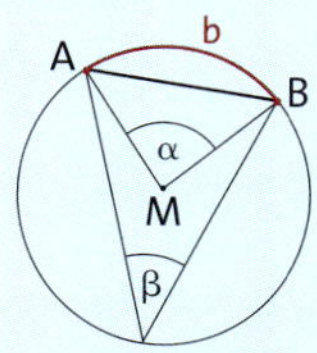

$\alpha = 2 \cdot \beta$

Mittelpunktwinkelsatz

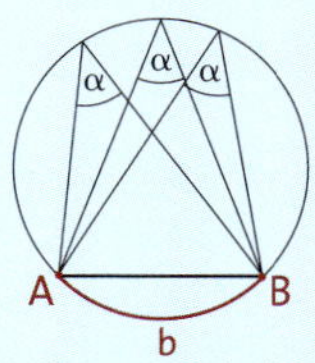

Umfangswinkelsatz

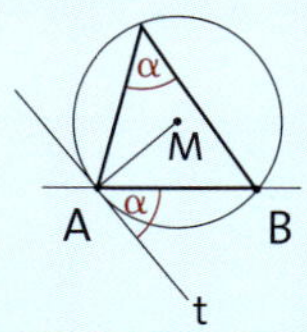

Sehnentangentenwinkelsatz

Satz des Thales:
Alle Umfangswinkel über einem Kreisdurchmesser d sind 90°-Winkel (↗ Kap. 6.1).

Da d durch M geht, ist der Mittelpunktswinkel 180°, das entspricht dem doppelten des Umfangwinkels.

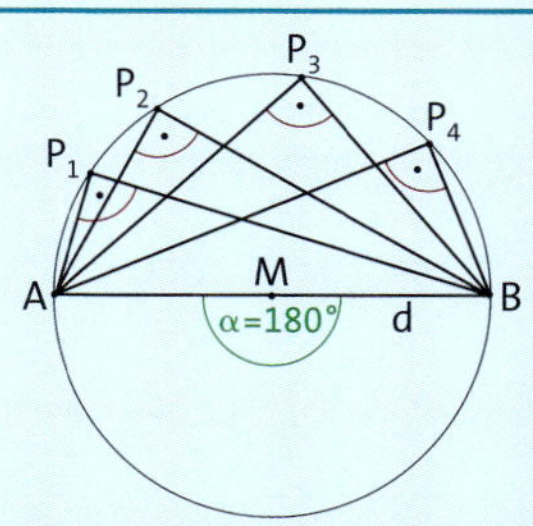

ÜBUNG 31 **Zeichne nebeneinander zwei Kreise mit dem Radius 4 cm.**

a) Zeichne in den ersten Kreis eine Sehne von 7 cm Länge und zeichne auf jeder Seite der Sehne drei Umfangswinkel. Miss die Größe der Umfangswinkel und vergleiche sie.

b) Zeichne in den zweiten Kreis eine Sehne von 8 cm Länge und zeichne auf jeder Seite der Sehne drei Umfangswinkel. Miss die Größe der Umfangswinkel und vergleiche sie. Was fällt dir auf? Warum ist das so?

WISSEN

Konstruktion einer Tangente, die einen Kreis K (M; r) im **Randpunkt T** berührt:

1. Zeichne einen Kreis K_1 um T, dessen Radius r_1 kleiner ist als $\overline{MT}$. Dieser Kreis schneidet den Strahl MT in S_1 und S_2.
2. Konstruiere die Mittelsenkrechte zur Strecke $S_1 S_2$ (↗ Kap. 5.2). Diese ist zugleich die gesuchte Tangente.

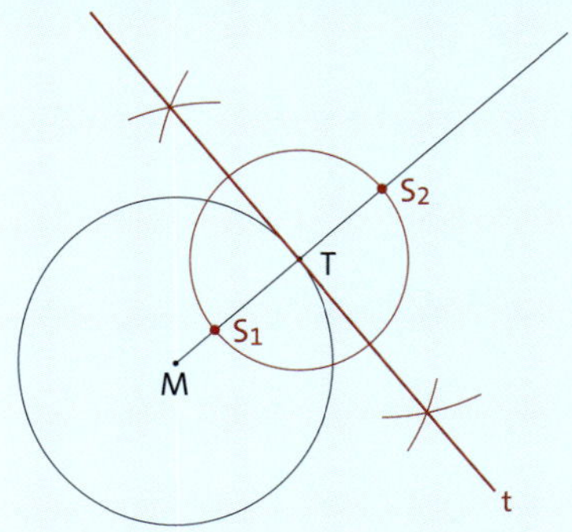

ÜBEN

ÜBUNG 32 **Zeichne ein Koordinatensystem ($-7 \leq x \leq 4$; $-8 \leq y \leq 3$) in dein Übungsheft und trage einen Kreis K um M (−2|−3) ein, auf dem der Punkt T (1|1) liegt.**

a) Konstruiere die Tangente t an K durch T und beschreibe deinen Lösungsweg.

b) s verläuft parallel zur y-Achse durch T und schneidet K auch in S. Gib die Koordinaten von S an. Wie groß sind der Sehnentangentenwinkel γ zwischen ST und t sowie der Mittelpunktswinkel $\alpha = \sphericalangle SMT$?

c) Trage den Punkt P (−6|0) ein und gib die Größe des Umfangswinkels $\beta = \sphericalangle SPT$ an.

ÜBUNG 33 **Zeichne einen Kreis mit dem Radius 3 cm um M (1|2) in ein Koordinatensystem. Trage außerdem den Punkt P (6|4) ein und konstruiere die Tangenten t_1 und t_2 an den Kreis, die durch P verlaufen.**
(Hinweis: Konstruiere zunächst den Mittelpunkt B der Strecke MP (↗ Kap. 5.2) und zeichne einen Kreis K_1 mit dem Radius $r_1 = \overline{BP}$ um B (Thaleskreis über MP).)

45 Minuten

KLASSENARBEIT 1

AUFGABE 1 **Zwei gleiche Kreisscheiben mit einem Punkt werden auf unterschiedliche Arten angeordnet. Zeichne jeweils alle Symmetrieachsen und Symmetriezentren ein und gib zu jeder der Figuren a) bis e) einen großen Druckbuchstaben an, der dieselben Symmetrieeigenschaften aufweist.**

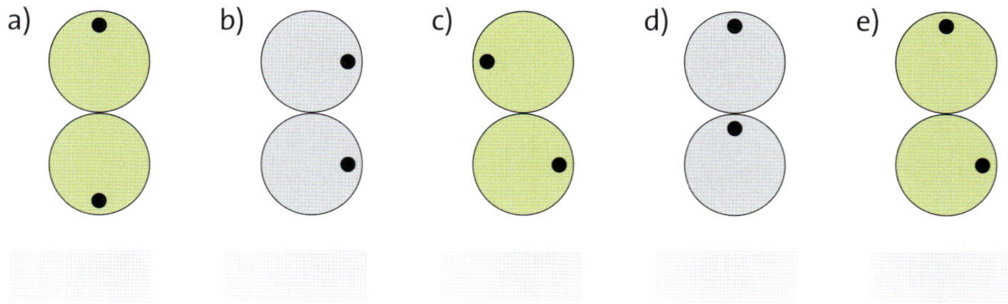

AUFGABE 2 **Konstruiere die Spiegelachse zu den unten abgebildeten Figuren.**

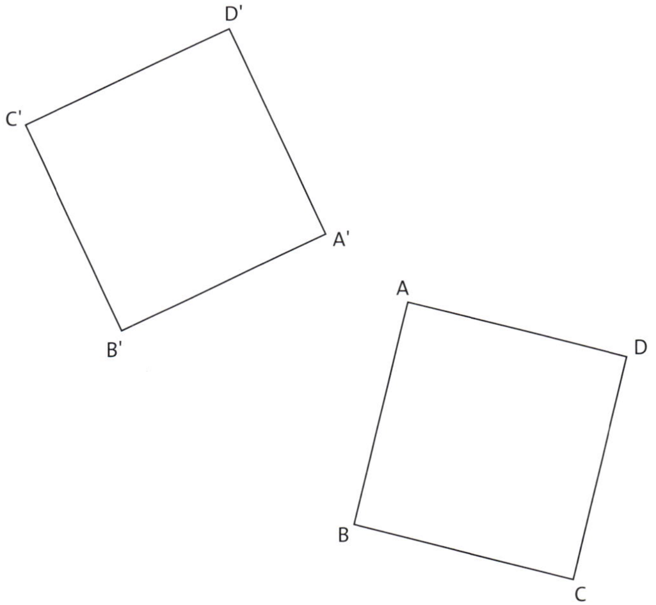

AUFGABE 3 **Gegeben sind die beiden Geraden g und h, die sich im Punkt S unter dem Winkel α schneiden.**

a) Konstruiere die Winkelhalbierende w und beschreibe deinen Weg.
b) Lege einen beliebigen Punkt M auf w fest und konstruiere denjenigen Kreis K (M; r), der die beiden Geraden g und h berührt. (Hinweis: Berücksichtige, dass die Geraden g und h als Tangenten senkrecht zum jeweiligen Berührradius stehen.)

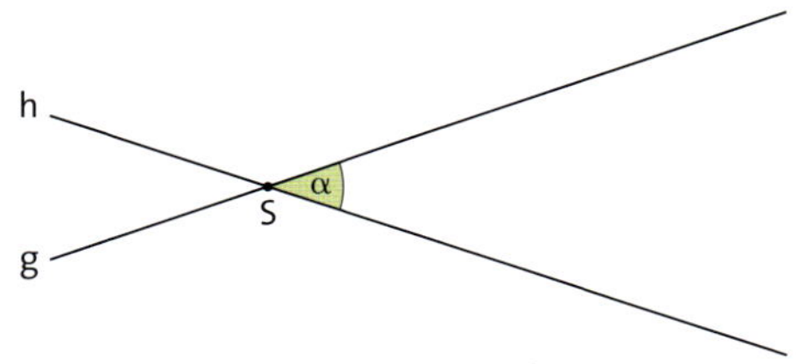

AUFGABE 4 **Gegeben ist ein Kreis K, der von der Tangente t im Punkt T berührt wird. Gesucht wird die Tangente t* an K, die parallel zu t verläuft. Beschreibe die Konstruktionsschritte.**

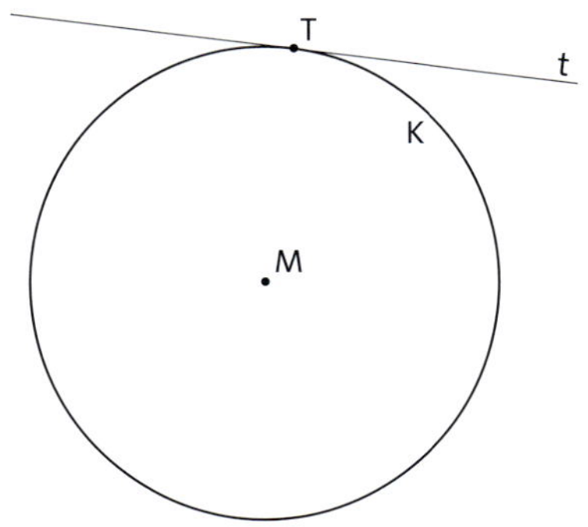

TESTEN

60 Minuten

KLASSENARBEIT 2

AUFGABE 5 **AB ist eine Strecke mit der Länge a = 5 cm.**

a) Was gilt für alle Punkte P der Mittelsenkrechten m der Strecke AB?
b) Konstruiere die Mittelsenkrechte m mit Zirkel und Lineal.
c) Lege auf der Mittelsenkrechten m einen Punkt P fest, der den Abstand 2,5 cm von AB hat. Errichte in P auf m eine Senkrechte g.

AUFGABE 6 **Bestimme jeweils die unbekannten Winkel und gib die benötigten Sätze an.**

a)

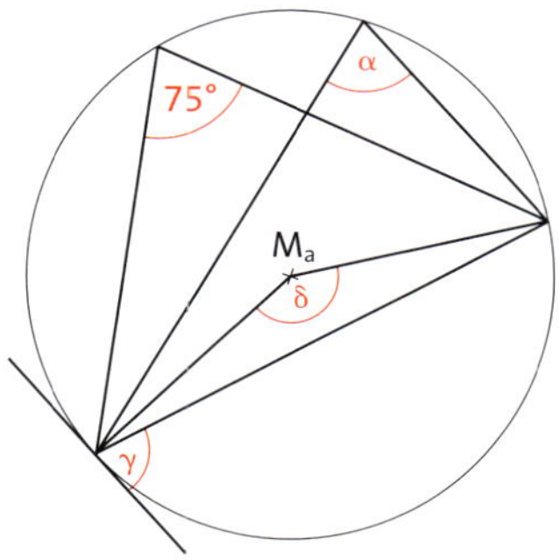

b)

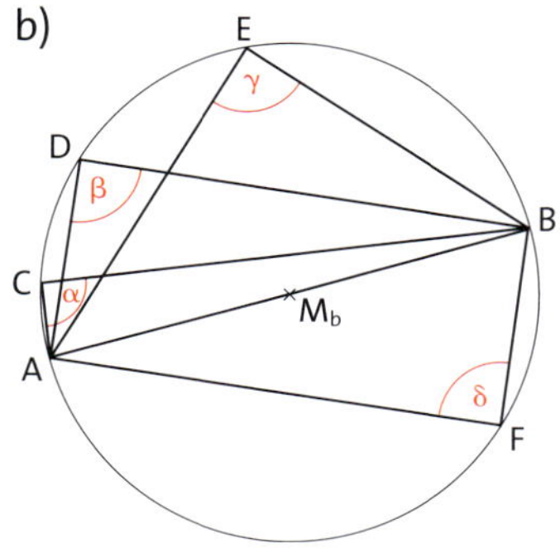

a)
α =
γ =
δ =

b)
α =
β =
γ =
δ =

c) Formuliere den Satz aus, nach dem du b) löst.

AUFGABE 7 **Zeichne einen Kreis mit dem Mittelpunkt M und dem Radius r = 3 cm. P ist ein Punkt des Kreises.**

a) Konstruiere die Tangente t an den Kreis, die durch P geht.
b) Konstruiere eine Parallele u zu t, die von t einen Abstand von 2,5 cm hat.

TESTEN

AUFGABE 8 **In einem Rohbau hat die Baufirma eine lange Leiter aufgestellt, die sich über zwei Stockwerke erstreckt. Wenn die Leiter mit der Wand einen Winkel von 35° bildet, welche Größen haben dann die anderen eingezeichneten Winkel? Welche dieser Winkel sind gleich groß?**

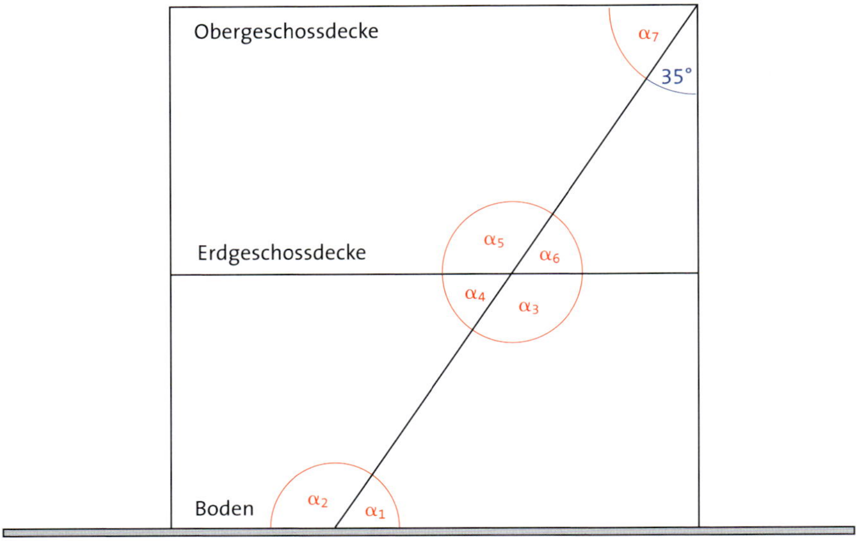

AUFGABE 9 **Zeichne ein Paar Nebenwinkel α und β mit $\alpha = 30°$.**

a) Konstruiere zu α und β die Winkelhalbierenden w_α und w_β. Wie groß ist der Winkel, den w_α und w_β miteinander bilden?
b) Was ändert sich für die Konstruktion von a), wenn du statt 30° eine andere Größe für α wählst?

AUFGABE 10 **Zeichne folgende Punkte in ein Koordinatensystem: A (–1|–3), B (2|1), C (–3|2), R (4|–4), S (4|4) und T (2|3). Als Längeneinheit auf den Koordinatenachsen verwende 0,5 cm.**

a) Eine Spiegelung des Dreiecks ABC an der Geraden, die durch die Punkte R und S geht, ergibt das Dreieck A'B'C'. Nenne die Koordinaten der Eckpunkte.
b) Eine Spiegelung des Dreiecks ABC an dem Punkt T ergibt das Dreieck A''B''C''. Nenne die Koordinaten der Eckpunkte.
c) Vergleiche die beiden Bilddreiecke.

6 Dreiecke und Vierecke

6.1 Dreiecke

Drei Punkte, die nicht auf einer Geraden liegen, bestimmen ein **Dreieck.** Sie heißen **Ecken** des Dreiecks.
Die Verbindungsstrecken zwischen je zwei Ecken bilden die **Seiten** des Dreiecks. Je zwei Seiten schließen die **Innenwinkel** ein.

Dreiecksungleichung: Die Summe der Länge zweier Seiten ist immer größer als die Länge der dritten Seite.

Beachte: Der größeren Seite liegt immer der größere Winkel gegenüber.

Eckpunkte: A, B, C
Seiten: AB = c; BC = a; CA = b
Innenwinkel:
$\sphericalangle$ BAC = α,
$\sphericalangle$ CBA = β;
$\sphericalangle$ ACB = γ

$a + b > c$
$b + c > a$
$a + c > b$

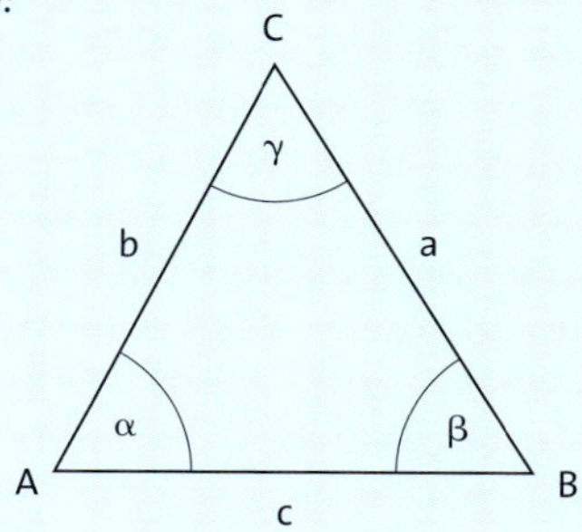

Innenwinkelsatz: In jedem Dreieck beträgt die Summe der Innenwinkel 180°.

Die zwei gleich großen Nebenwinkel (Scheitelwinkel) der Innenwinkel sind die **Außenwinkel** des Dreiecks.

Außenwinkelsätze:
- Die Summe aller 6 Außenwinkel eines Dreiecks beträgt 2 · 360°.
Merke: $\alpha' + \beta' + \gamma' = 360°$
- Jeder Außenwinkel eines Dreiecks ist so groß wie die Summe der nicht anliegenden Innenwinkel.
Merke dir das Beispiel: $\beta' = \alpha + \gamma$.

Gegeben sind $\alpha = 36{,}8°$ und $\gamma = 92{,}1°$.
Wie groß ist der dritte Winkel?
$\alpha + \beta + \gamma = 180°$.
Daraus folgt: $\beta = 180° - \alpha - \gamma$.
Also: $\beta = 51{,}1°$

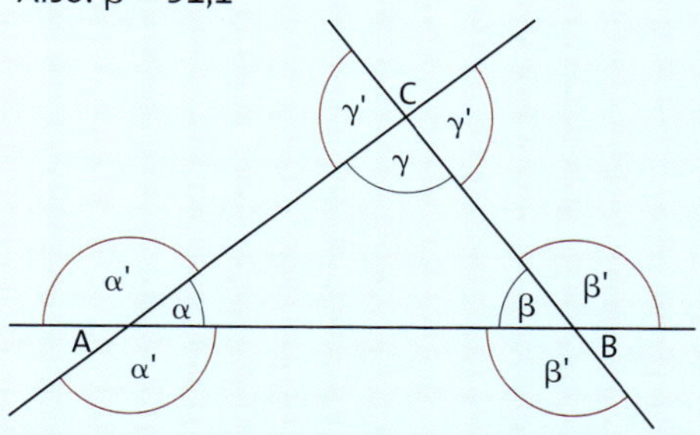

Gleichschenklige Dreiecke haben 2 gleich lange Seiten;
gleichseitige Dreiecke haben 3 gleich lange Seiten.
Gleichschenklige und gleichseitige Dreiecke sind **achsensymmetrisch.**

Basiswinkelsatz: In jedem **gleichschenkligen** Dreieck sind die Basiswinkel gleich groß.

In **gleichseitigen** Dreiecken sind alle Innenwinkel gleich groß, also jeweils 60°.

Der Winkel an der Spitze in einem gleichschenkligen Dreieck ist $\gamma = 57°$. Wie groß ist jeder Basiswinkel?
$2\alpha + \gamma = 180°$
mit $\alpha = \beta$
$\alpha = \frac{180° - \gamma}{2}$
$\alpha = 61{,}5°$

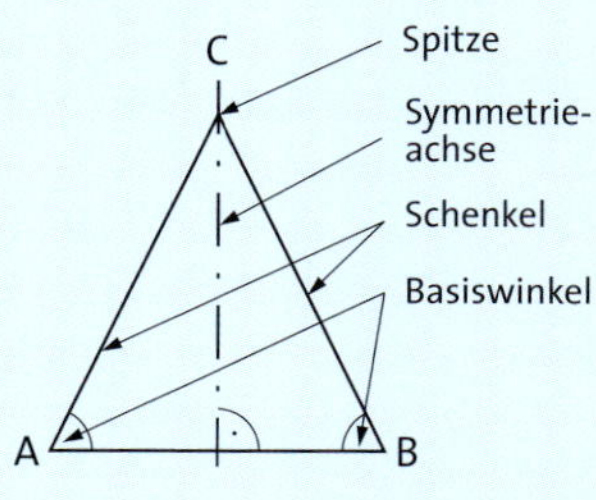

ÜBEN

ÜBUNG 1 **Gib jeweils eine dritte Seite so an, dass ein Dreieck ABC möglich ist.**

a) $a = 4{,}8\,\text{cm}$; $c = 10{,}4\,\text{cm}$ b) $b = 2{,}9\,\text{dm}$; $c = 8{,}9\,\text{dm}$ c) $a = 43\,\text{mm}$; $b = 0{,}8\,\text{dm}$

ÜBUNG 2 **Gibt es Dreiecke ABC mit den folgenden Seitenlängen?**

a) $a = 4\,\text{cm}$; $b = 5\,\text{cm}$; $c = 8\,\text{cm}$ b) $a = 9\,\text{cm}$; $b = 5\,\text{cm}$; $c = 4\,\text{cm}$
c) $a = 4\,\text{cm}$; $b = 38\,\text{mm}$; $c = 2{,}4\,\text{cm}$ d) $a = 59\,\text{cm}$; $b = 6{,}8\,\text{dm}$; $c = 1{,}9\,\text{m}$

ÜBUNG 3 **In einem Dreieck ABC ist $b = 4\,\text{cm}$ und $c = 7\,\text{cm}$. Gib alle Möglichkeiten für die Länge der Seite a des Dreiecks an. Dir ist bekannt, dass der Zahlenwert der gesuchten Seite eine natürliche Zahl und die Einheit cm ist.**

WISSEN +

Dreiecke nach Winkeln unterscheiden

- Spitzwinkliges Dreieck: Alle Winkel sind spitz.
- Rechtwinkliges Dreieck: Ein Winkel ist ein rechter Winkel.
- Stumpfwinkliges Dreieck: Ein Winkel ist ein stumpfer Winkel.

spitzwinklig:

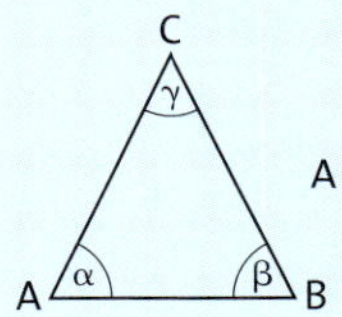

stumpfwinklig:

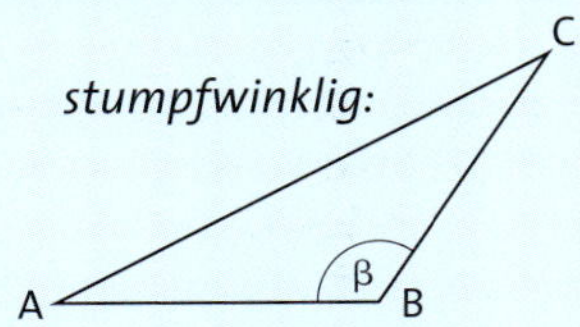

Das **rechtwinklige Dreieck** spielt eine besondere Rolle, da es häufig vorkommt. Die dem rechten Winkel gegenüberliegende Seite heißt **Hypotenuse.** Die beiden anderen Seiten sind die **Katheten.**

rechtwinklig:

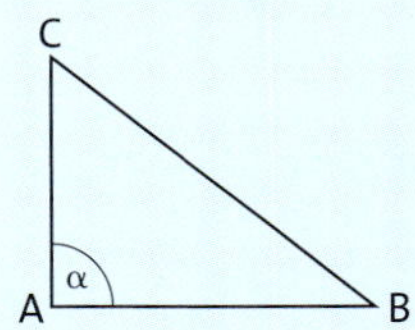

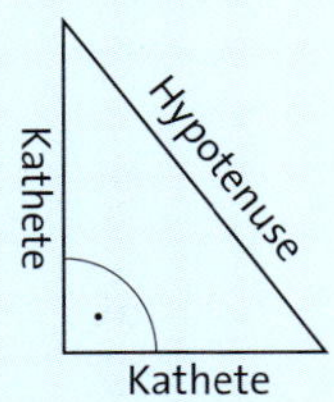

ÜBUNG 4 **Berechne den dritten Innenwinkel des Dreiecks ABC.**

a) $\alpha = 34°$; $\beta = 76°$ b) $\beta = 76°$; $\gamma = 12°$ c) $\alpha = 45{,}4°$; $\gamma = 17{,}7°$

ÜBUNG 5 **Warum kann ein Innenwinkel eines Dreiecks nicht 180° oder größer sein? Wieso gibt es außerdem kein Dreieck, das zwei stumpfe Winkel hat?**

ÜBUNG 6 **Wie groß ist der Winkel β? Berechne außerdem die Winkel γ, δ und ε und erläutere deine Rechenwege.**

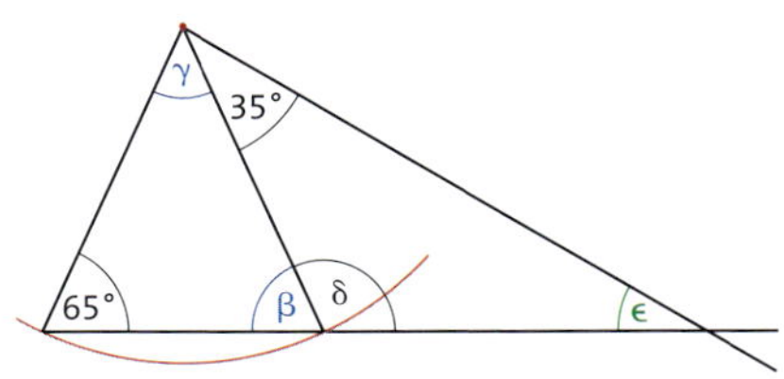

WISSEN

Satz des Thales
Ein Kreis mit dem Durchmesser AB heißt **Thaleskreis** über der Strecke AB.
Für jeden Punkt C, der auf diesem Kreis liegt, gilt:
- der Winkel ∢ ACB ist ein rechter Winkel;
- das Dreieck ABC ist rechtwinklig.

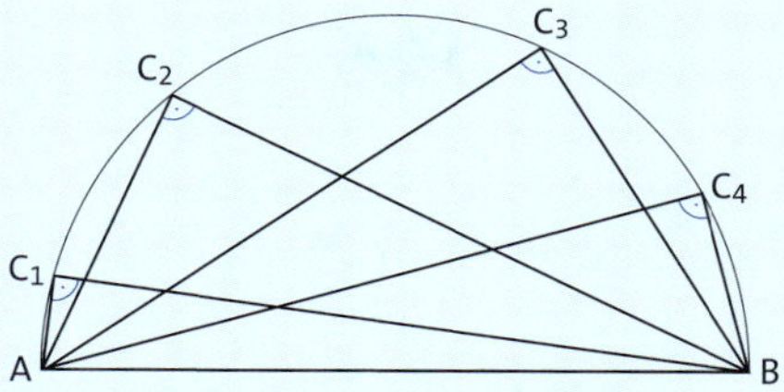

Mithilfe des Thaleskreises kannst du Dreiecke und andere Figuren konstruieren:
Gegeben: $\overline{AC}$, $\overline{BC}$, $\beta = 90°$
1. Mittelpunkt M der Strecke AC konstruieren (↗ Kap. 5.2);
2. Thaleskreis über AC mit Mittelpunkt M zeichnen;
3. Punkt B durch Abtragen (↗ Kap. 5.2) der Strecke BC konstruieren.
4. Dreieck ABC zeichnen. Der Winkel beträgt 90°, da B auf dem Thaleskreis über AC liegt.

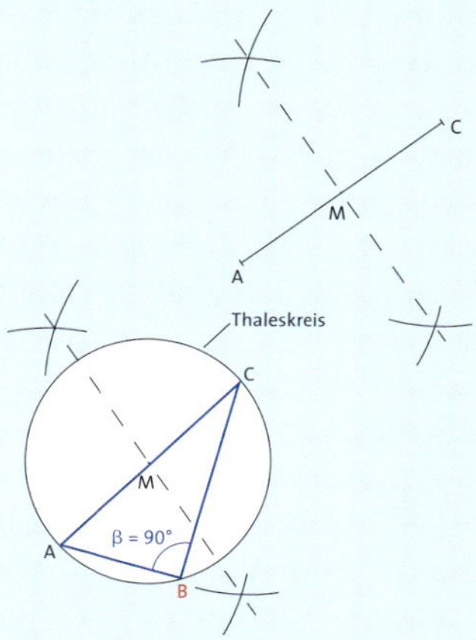

ÜBEN

ÜBUNG 7 **Gib die fehlenden Winkelmaße an.**

a) $\alpha = 60°$ b) $\epsilon = 110°$
c) $\gamma_1 = 65°$ d) $\delta = 54{,}5°$

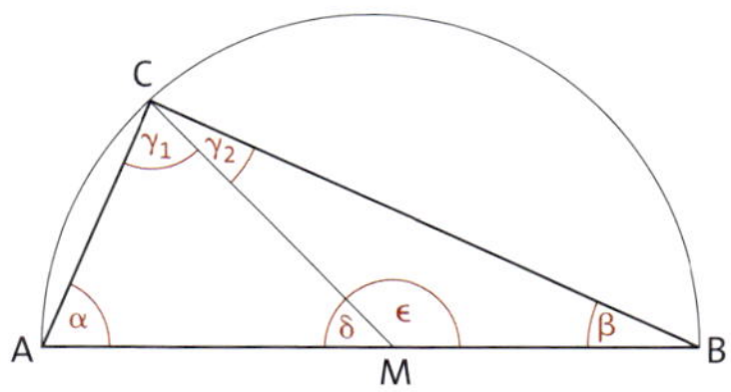

WISSEN

Eine Konstruktion richtig planen
Eine Konstruktion planst du am besten immer in folgenden Schritten:
1. Erstellen der **Planfigur** (dies ist ein beliebiges Drei- oder Viereck), in dem du die gegebenen Stücke einträgst und einzeichnest.
2. Im **Konstruktionsplan** stellst du dar, wie du Schritt für Schritt die Eckpunkte der Figur konstruieren willst.
3. Führe die **Konstruktionsschritte** durch, indem du den Konstruktionsplan umsetzt.

ÜBUNG 8 **In einem Dreieck ist der zweite Winkel eineinhalb und der dritte dreieinhalbmal so groß wie der erste. Die Seite c ist mit 8 cm die längste. Berechne alle Innenwinkel.**

WISSEN

6.2 Punkte und Linien im Dreieck

Eine **Höhe** eines Dreiecks ist das Lot von einem Eckpunkt zur gegenüberliegenden Seite des Dreiecks bzw. zu ihrer Verlängerung.
Jedes Dreieck hat genau **drei Höhen;** diese schneiden sich in einem Punkt, dem **Höhenschnittpunkt H.**

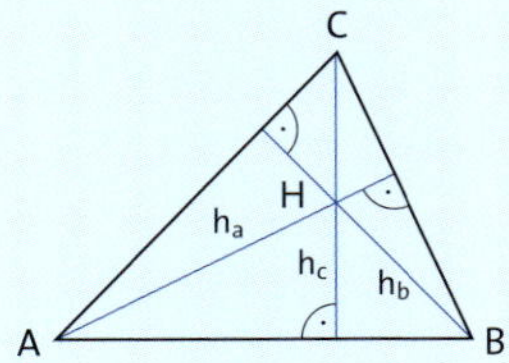

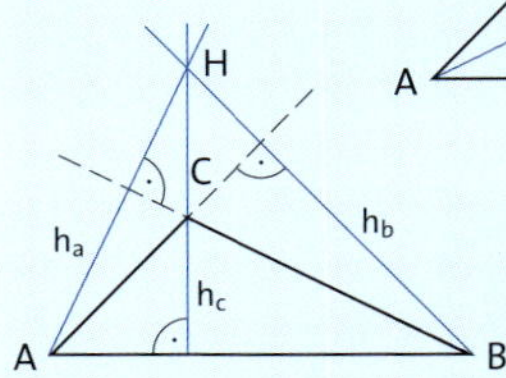

H kann auch außerhalb des Dreiecks liegen.

Die drei **Winkelhalbierenden** (↗ Kap. 5.2) eines Dreiecks schneiden sich in einem Punkt W.
Dieser Punkt W ist der Mittelpunkt des **Inkreises** des Dreiecks, der alle drei Seiten des Dreiecks von innen berührt.

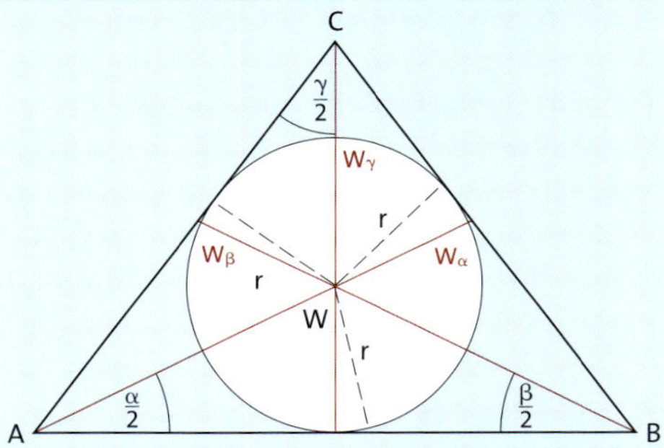

Die drei **Mittelsenkrechten** (↗ Kap. 5.2) eines Dreiecks schneiden sich in einem Punkt M.
Dieser Punkt M ist Mittelpunkt des **Umkreises** des Dreiecks.
Der Umkreis eines Dreiecks ABC geht durch alle drei Eckpunkte A, B und C.

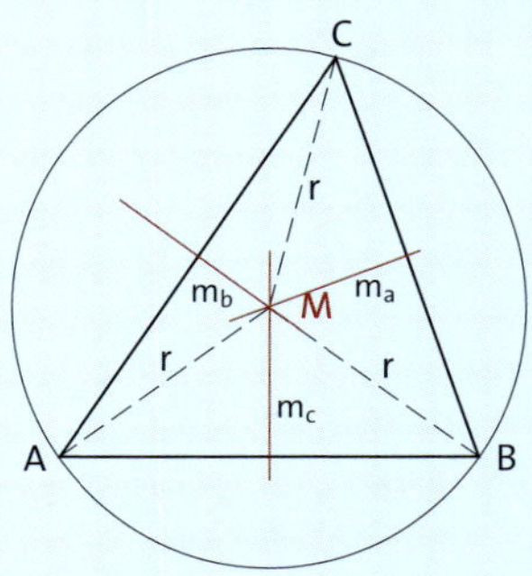

Eine **Seitenhalbierende** in einem Dreieck verbindet den Mittelpunkt einer Dreiecksseite mit dem gegenüberliegenden Eckpunkt. Der Schnittpunkt der drei Seitenhalbierenden heißt **Schwerpunkt** S. S teilt die Seitenhalbierende im Verhältnis 2 : 1.

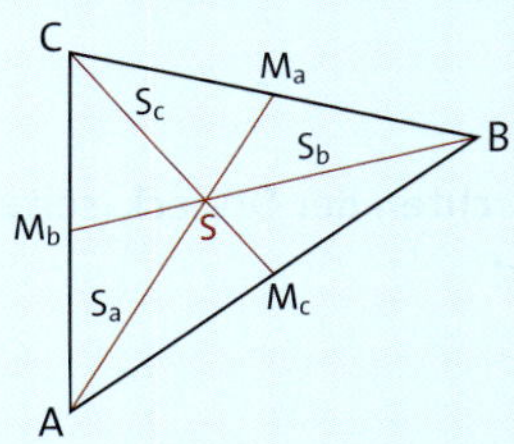

$\overline{AS} = 2 \cdot \overline{SM_a}$; $\overline{BS} = 2 \cdot \overline{SM_b}$; $\overline{CS} = 2 \cdot \overline{SM_c}$
Auf dem Schwerpunkt kann man die ausgeschnittene Fläche balancieren.

Hinweis: Umkreismittelpunkt, Schwerpunkt und Höhenschnittpunkt liegen **immer** auf einer Geraden.

ÜBUNG 9 **Informiere dich in Kapitel 5 über die geometrischen Grundkonstruktionen (das Halbieren von Strecken und Winkeln, das Errichten von Senkrechten und das Fällen von Loten) und wende deine Kenntnisse an.**

a) Halbiere die Strecke RS und errichte die Mittelsenkrechte.

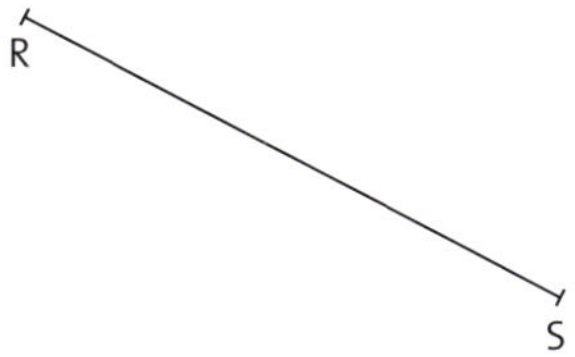

b) Halbiere den Winkel γ.

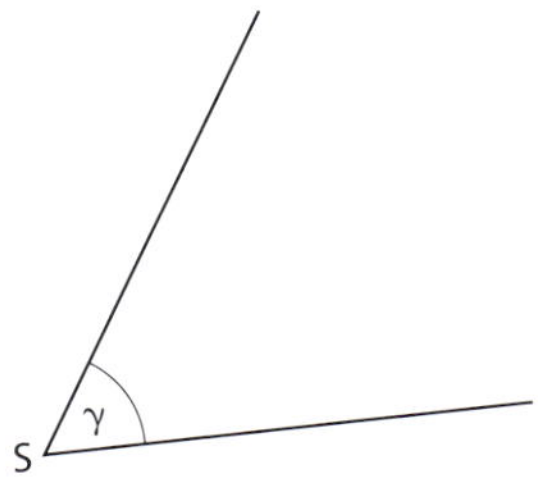

c) Fälle das Lot von P auf g.

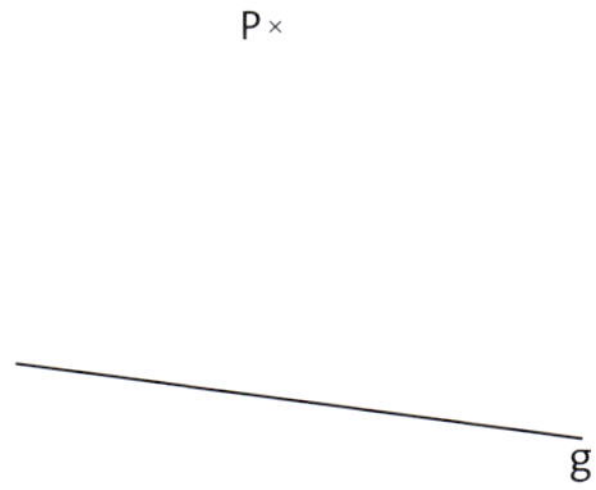

ÜBUNG 10 **Zeichne in deinem Übungsheft in ein Koordinatensystem die Punkte A (0|0), B (8|2), C (3|7). Wähle als Einheit 1 cm.**

a) Verbinde die gegebenen Punkte zu dem Dreieck ABC.
b) Miss die Längen der Seiten und die Größen der Winkel. Entwirf eine Tabelle, in die du die Ergebnisse einträgst. Lasse in der Tabelle eine weitere Zeile Platz für die Ergebnisse aus d).
c) Konstruiere die Höhen des Dreiecks ABC. Wie kannst du die Richtigkeit der Konstruktion überprüfen?
d) Wie groß ist jeweils der Abstand der Eckpunkte von den gegenüberliegenden Seiten? Trage diese Abstände in der letzten Zeile der Tabelle aus b) ein.

ÜBUNG 11 **Zeichne in dein Übungsheft: Konstruiere ein Dreieck mit folgenden Größen: $a = 9\,cm$; $b = 7\,cm$; $\gamma = 90°$.**

a) Überlege und beurteile: Wie viele Höhen musst du mindestens konstruieren, wenn es deine Aufgabe ist, den Höhenschnittpunkt des Dreiecks zu ermitteln?
b) Konstruiere die Höhe h_c.

ÜBUNG 12 **Zeichne ein spitzwinkliges und ein stumpfwinkliges Dreieck ABC in dein Übungsheft. Konstruiere in jedem Dreieck die Mittelsenkrechten der Dreiecksseiten. Beschreibe die Lage des Schnittpunkts der Mittelsenkrechten. Überprüfe die Genauigkeit deiner Konstruktionen durch das Zeichnen der Umkreise.**

ÜBUNG 13 Die Spitze eines Schwimmkranes soll 18 m hoch über seiner 20 m breiten Plattform aufragen. Wie lang muss das Spannseil sein, das den 25 m langen Kranarm hält? Konstruiere im Maßstab 1:400. Setze voraus, dass das Seil nicht durchhängt.

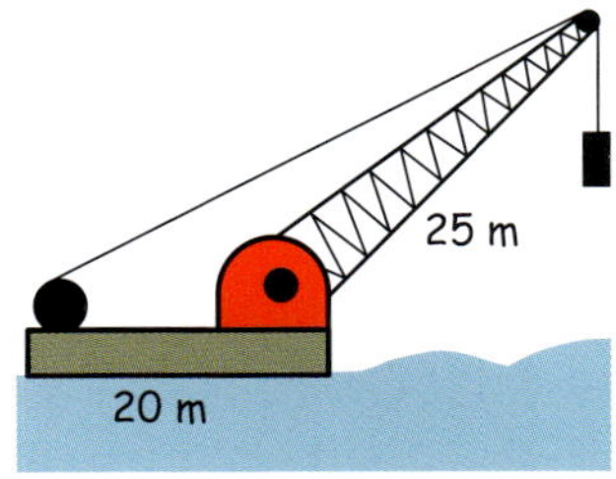

ÜBUNG 14 Im abgebildeten Dreieck gilt: $\delta + \epsilon + \varphi = 90°$. Begründe die Aussage.

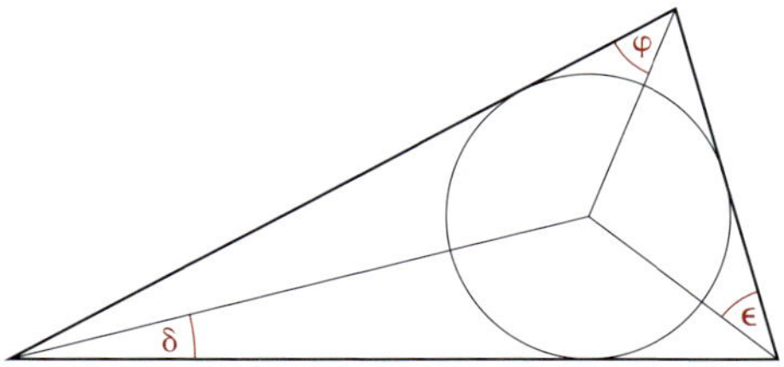

ÜBUNG 15 Von einem Dreieck ABC sind $a = 5{,}6\,\text{cm}$; $\beta = 37°$ und der Radius r des Umkreises mit 3,5 cm bekannt. Konstruiere ein solches Dreieck.

ÜBUNG 16 Zeichne ein Dreieck und seine Seitenhalbierenden auf dicke Pappe und schneide es aus. Versuche dann, das Dreieck längs einer Seitenhalbierenden auf einer Linealkante zu balancieren. Setze das Dreieck auch im Schnittpunkt S der Seitenhalbierenden auf eine Stecknadelspitze.

ÜBUNG 17 Die Einsteinstraße, die Curiestraße und die Röntgenallee sind wichtige Verkehrsstraßen in Bertenbach. Wo muss die neue Feuerwehrstation liegen, wenn sie zu den drei Straßen gleichen Abstand haben soll, damit alle drei gleich schnell erreichbar sind? Übertrage die nebenstehende Skizze in dein Übungsheft, gliedere das Problem in Einzelschritte und zeichne.

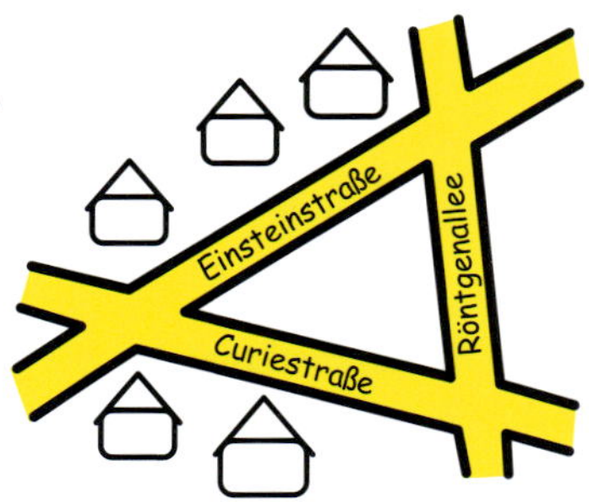

ÜBUNG 18 Zeichne drei gleiche Dreiecke auf je einen Bogen Transparentpapier.

a) Konstruiere für eines der Dreiecke die Höhen, für das zweite die Mittelsenkrechten und für das dritte die Seitenhalbierenden.
b) Was stellst du fest, wenn du die drei Dreiecke übereinander legst? Wenn du nichts erkennst, musst du die drei Bögen gegen das Licht halten.

6.3 Kongruente Dreiecke

Zwei Flächen F und G sind **kongruent** (deckungsgleich), wenn sie durch eine Bewegung aufeinander abgebildet werden können **(Kongruenzabbildung).** Man schreibt: F ≅ G. Verschiebungen, Drehungen oder Spiegelungen sind Kongruenzabbildungen (↗ Kap. 5.3).

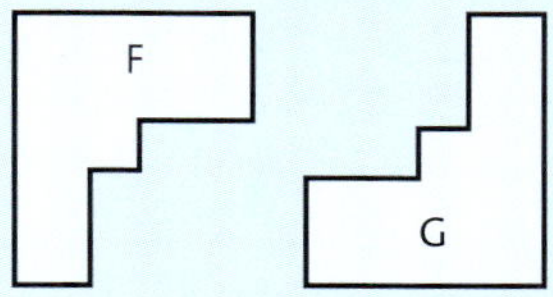

Kongruente Figuren haben die gleiche Form, gleiche Fläche, gleich große Winkel und gleich lange Seiten.

Ein Dreieck besteht immer aus sechs Stücken: aus drei Seiten und drei Winkeln.

Um ein Dreieck zu **konstruieren,** brauchst du drei relevante Stücke.

---

1. **Kongruenzsatz (sss):** Dreiecke sind kongruent zueinander, wenn sie in allen drei Seiten übereinstimmen.

Gegeben: a, b, c
1. Zeichne c;
2. Kreis um A mit dem Radius b;
3. Kreis um B mit dem Radius a;
4. C ist Schnittpunkt der beiden Kreise.

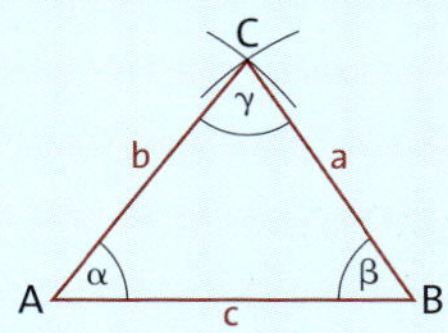

---

2. **Kongruenzsatz (sws):** Dreiecke sind kongruent zueinander, wenn zwei ihrer Seiten und der eingeschlossene Winkel übereinstimmen.

Gegeben: c, β, a
1. Zeichne c;
2. trage β an;
3. Kreis um B mit dem Radius a;
4. C ist Schnittpunkt des Kreises mit dem freien Schenkel von β.

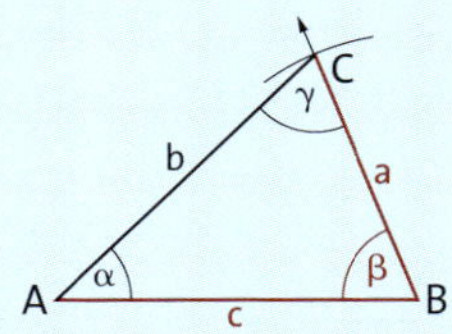

---

3. **Kongruenzsatz (wsw) und (sww):** Dreiecke sind kongruent zueinander, wenn
   - sie in einer Seite und den anliegenden zwei Winkeln übereinstimmen;
   - sie in einer Seite und in einem anliegenden und dem der Seite gegenüberliegenden Winkel übereinstimmen.

Gegeben: α, b, γ
1. Zeichne b;
2. trage α an;
3. trage γ an;
4. B ist Schnittpunkt der freien Schenkel von α und γ.

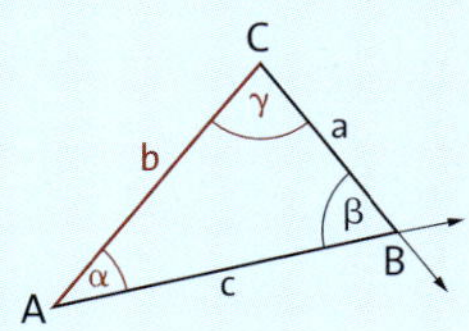

---

4. **Kongruenzsatz (Ssw):** Dreiecke sind kongruent zueinander, wenn sie in zwei Seiten und dem der größeren Seite gegenüberliegenden Winkel übereinstimmen.

Gegeben: c, α, a
1. Zeichne c;
2. trage α an;
3. Kreis um B mit Radius a;
4. C ist Schnittpunkt des Kreises mit dem freien Schenkel von α.

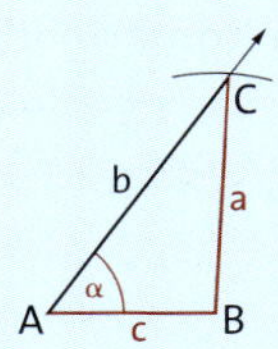

ÜBUNG 19 **Die Dreiecke ABC und RST sind kongruent. Welches Kriterium müssen sie erfüllen?**

ÜBUNG 20 **Entscheide, welche der Dreiecke zum Dreieck ABC kongruent sind. (Hinweis: Gehe immer von dem Punkt des jeweiligen Dreiecks aus, der dem Punkt A entspricht.)**

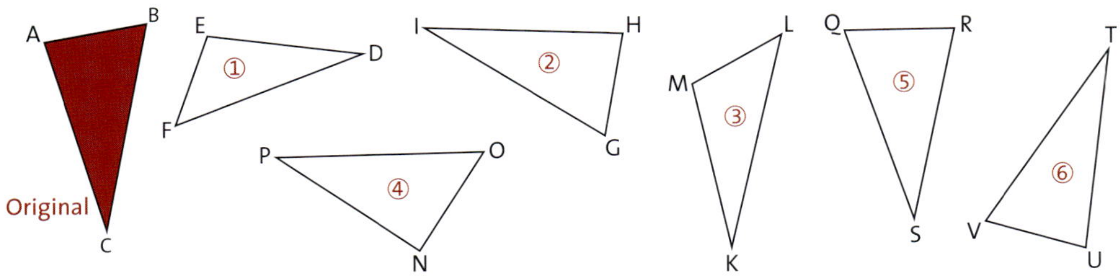

ÜBUNG 21 **Alina und Finn erhalten die Aufgabe, ein Dreieck mit den Angaben c = 4 cm und β = 42° zu konstruieren. Sie haben die Aufgabe so gelöst:**

a) Kommentiere beide Lösungen! Haben sie richtig gearbeitet?
b) Zeichne noch ein weiteres Dreieck, das zu den obigen nicht kongruent ist.
c) Äußere dich zur Anzahl der Lösungen.

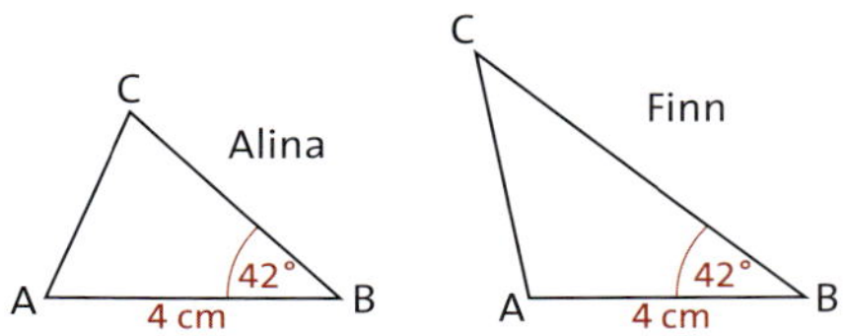

WISSEN

Weitere Dreieckskonstruktionen
Um Dreiecke zu konstruieren, benötigt man drei relevante Stücke. Diese gegebenen Stücke des Dreiecks oder eines zu erweiternden Teildreiecks entsprechen einem der Kongruenzsätze.
Beispiel: Konstruiere ein Dreieck ABC aus a = 5,8 cm; h_a = 3 cm und β = 50°

Fertige zuerst eine **Planfigur** an:

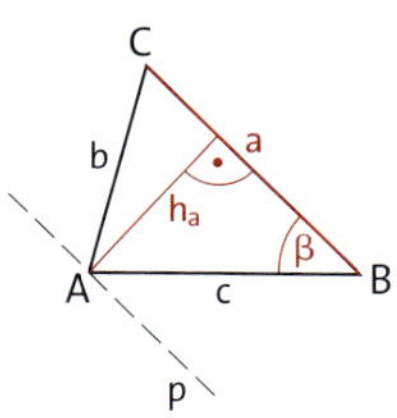

Konstruktion:

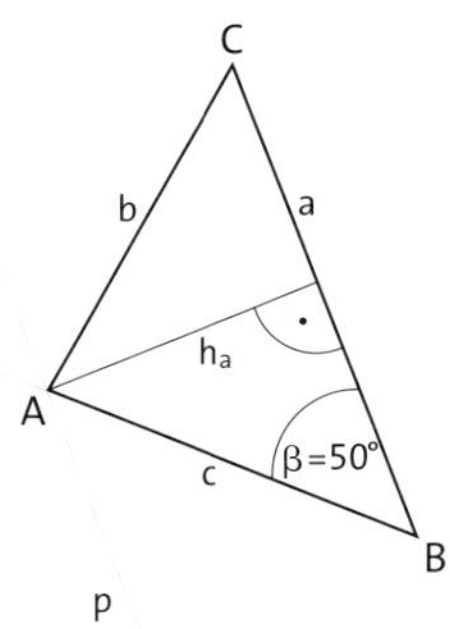

Konstruktionsplan:
1. Seite a zeichnen;
2. Parallele p zu a im Abstand h_a konstruieren;
3. Winkel β antragen;
4. A ist Schnittpunkt von p und c.

Konstruktionsschritte:
1. Zeichne die Seite a = BC.
2. Zeichne eine Parallele zu BC im Abstand h_a = 3 cm (↗ Kap. 5.2).
3. Trage an BC in B den Winkel ∢ CBA = β = 50° an.
4. A ist der Schnittpunkt des freien Schenkels von β und der Parallelen p zu a. Verbinde A mit C.

ÜBEN

ÜBUNG 22 **Welche der folgenden Dreiecke ABC sind nicht bzw. nicht eindeutig konstruierbar? Begründe.**

a) $a = 6{,}5\,cm$; $b = 5\,cm$; $c = 7{,}5\,cm$

b) $\alpha = 45°$; $\beta = 83°$; $\gamma = 52°$

c) $c = 4{,}2\,cm$; $b = 8{,}6\,cm$; $\alpha = 30°$

d) $b = 3{,}8\,cm$; $c = 2b$; $\gamma = 65°$

e) $\alpha = 85°$; $\beta = 104°$; $c = 5{,}2\,cm$

f) $a = 6\,cm$; $b = 5\,cm$; $c = 13{,}2\,cm$

ÜBUNG 23 **Suche in folgenden Figuren kongruente Dreiecke! Schreibe die Kongruenzen auf. Begründe mit den entsprechenden Kongruenzsätzen. Gleiche Stücke sind gekennzeichnet bzw. beschrieben.**

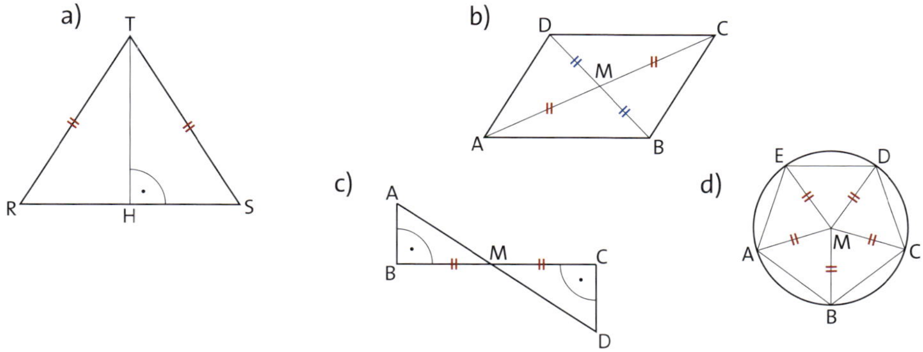

ÜBUNG 24 **Konstruiere das Dreieck ABC aus den gegebenen Stücken.**

a) $b = 6{,}2\,cm$; $\alpha = 54°$; $h_b = 5{,}0\,cm$

b) $c = 6{,}5\,cm$; $b = 5{,}1\,cm$; $h_a = 4{,}4\,cm$

ÜBUNG 25 **Konstruiere das Dreieck ABC jeweils aus den angegebenen Stücken und schreibe dazu, um welche Art Dreieck es sich handelt. Überlege dir zu beiden Dreiecken, wie groß die fehlenden Winkel sind. Miss und vergleiche.**

a) $b = 4{,}5\,cm$; $c = 5{,}6\,cm$; $\alpha = 105°$

b) $a = 5{,}9\,cm$; $\alpha = 60°$; $\gamma = 60°$

ÜBUNG 26 **Konstruiere das Dreieck, das von folgenden Straßen gebildet wird, im Maßstab 1 : 20 000. Miss die Winkel.**

Drei Straßen schließen ein Wiesenstück ABC eines Bauernhofs ein. Der Straßenabschnitt AB hat eine Länge von 1,4 km, ebenso der Abschnitt AC. Der Straßenabschnitt BC hat eine Länge von 0,7 km.

ÜBUNG 27 **Löse die folgenden Aufgaben mithilfe maßstäblicher Zeichnungen.**

Von einem 38 m hoch gelegenen Punkt eines Turmes aus erscheint das jenseitige Ufer unter dem „Tiefenwinkel“ von 24°. Der Turm steht 15 m vom Ufer des Flusses entfernt. Wie breit ist der Fluss?

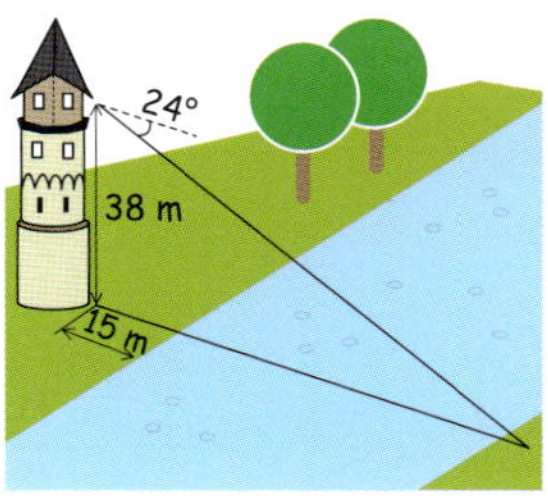

WISSEN

Flächeninhalt von Dreiecken
Die Flächeninhaltsberechnung von Dreiecken führt man auf die Bestimmung des Flächeninhalts von Rechtecken zurück.

ADC ≅ CFA und DBC ≅ ECB

Rechteckfläche $A_R = a \cdot b$, damit gilt:

Dreiecksfläche $A_D = \frac{g \cdot h}{2}$

Welche Seite du als g wählst, ist gleichgültig. Die Höhe h muss aber immer die zu g gehörende sein!

Hinweis: Bei rechtwinkligen Dreiecken wählt man die beiden Seiten, die den rechten Winkel einschließen, da die eine die Höhe zur jeweils anderen ist.

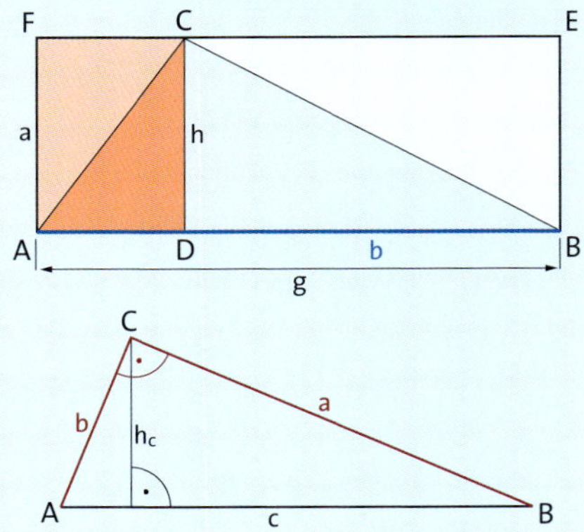

Für $\gamma = 90°$ gilt: $A_D = \frac{c \cdot h_c}{2}$ aber auch $A_D = \frac{a \cdot b}{2}$.

ÜBUNG 28 **Zeichne in ein Koordinatensystem das Dreieck ABC mit den Koordinaten A (0|0), B (5|0) und C (4|3,5).**

a) Zähle die Kästchen aus und schätze den Flächeninhalt. Berechne den Flächeninhalt anschließend.
b) Schätze den Umfang des Dreiecks durch Ausmessen.

ÜBUNG 29 **Welches der vier Dreiecke (jedes enthält die Strecke AB) hat den größten Flächeninhalt?**

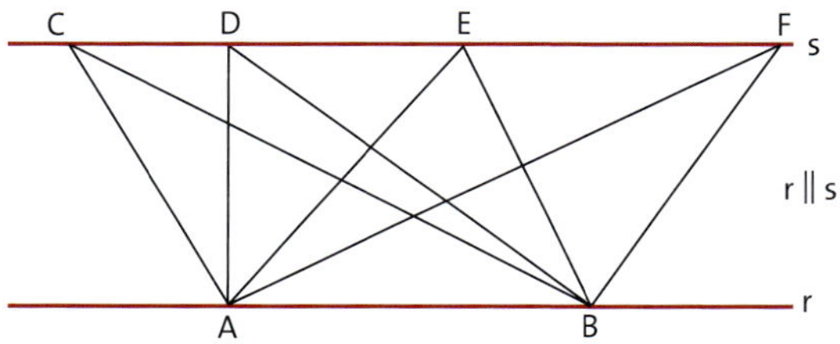

ÜBUNG 30 **In einem 36 cm² großen rechtwinkligen Dreieck ist eine Kathete (Schenkel des rechten Winkels) 7,2 cm lang. Wie lang ist die andere Kathete?**

ÜBUNG 31 **Von einem Feld wurden 21,2 Tonnen Kartoffeln geerntet. Das Feld ist dreieckig, eine Seite ist 160 m lang, die gegenüberliegende Ecke ist 120 m von dieser Strecke entfernt.**

a) Entwirf eine Skizze.
b) Berechne den Flächeninhalt.
c) Berechne den Ertrag pro Hektar.

6.4 Vierecke

Liegen von vier Punkten einer Ebene jeweils drei nicht auf einer Geraden, so bilden sie ein **Viereck.**
Die Punkte heißen **Ecken** des Vierecks.
Die Verbindungsstrecken zwischen zwei Ecken heißen **Seiten** des Vierecks.
Jedes Viereck hat zwei **Diagonalen,** die jeweils zwei nicht nebeneinander liegende Ecken miteinander verbinden.

Bezeichnungen in Vierecken:

- **Benachbarte Seiten** haben einen gemeinsamen Eckpunkt.
- **Gegenüberliegende Seiten** haben keinen gemeinsamen Eckpunkt.
- **Benachbarte Winkel** haben eine Seite als gemeinsamen Schenkel.
- **Gegenüberliegende Winkel** haben keinen gemeinsamen Schenkel.

Eckpunkte: A, B, C, D
Seiten: $\overline{AB} = a$; $\overline{BC} = b$; $\overline{CD} = c$; $\overline{DA} = d$
Innenwinkel: $\sphericalangle BAD = \alpha$; $\sphericalangle CBA = \beta$; $\sphericalangle DCB = \gamma$; $\sphericalangle ADC = \delta$
Diagonalen: $\overline{AC} = e$ und $\overline{BD} = f$

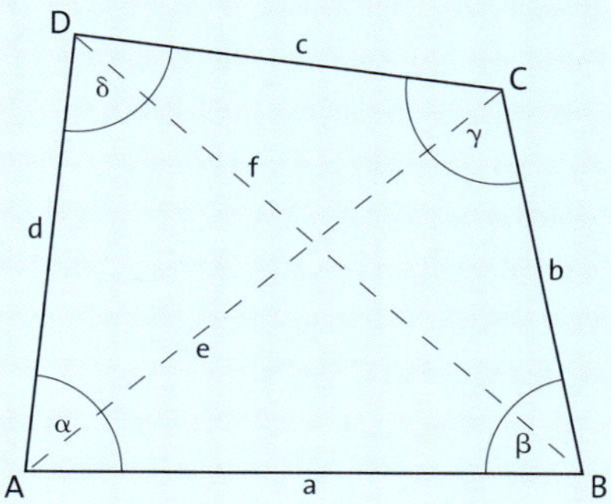

In jedem Viereck beträgt die **Summe der Innenwinkel** 360°.

Bestimme die Innenwinkel eines Vierecks.
Gegeben: $\beta = 2\alpha$; $\gamma = 3\alpha$; $\delta = 4\alpha$
Lösung: $\alpha + 2\alpha + 3\alpha + 4\alpha = 360°$
$10\alpha = 360°$
Also: $\alpha = 36°$; $\beta = 72°$; $\gamma = 108°$; $\delta = 144°$

Viereckskonstruktionen

Um ein Viereck zu konstruieren, brauchst du mindestens **5 Stücke** (Winkelmaße, Seiten- oder Diagonalenlängen).

Da ein Viereck aus zwei Dreiecken zusammengesetzt ist, greift man bei der Konstruktion von Vierecken auf die Konstruktion von Teildreiecken zurück.

Hinweis: Die Stücke müssen geeignet gewählt werden. Nicht jede Kombination führt zu einer eindeutigen Lösung.

Gegeben: a = 8 cm; d = 5 cm;
$\alpha = 75°$; $\beta = 90°$; $\delta = 78°$

1. *Planfigur:*

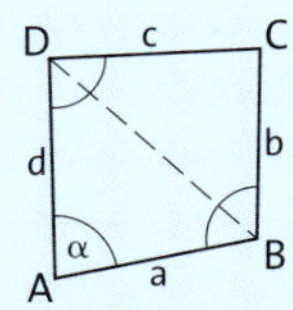

2. *Konstruktionsplan:* Finden eines konstruierbaren Teildreiecks
3. *Konstruktion:*

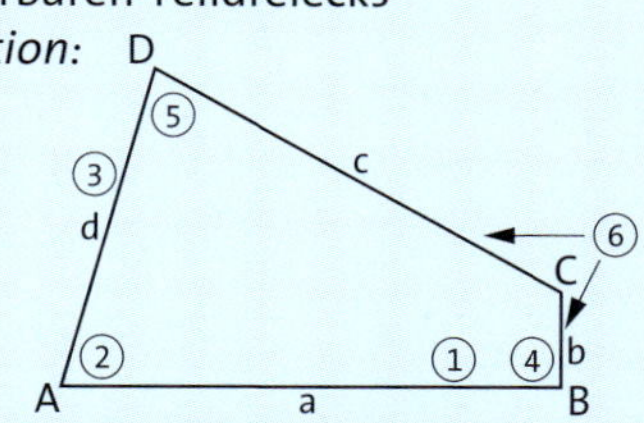

ABD ist ein konstruierbares Dreieck.
Schrittfolge: ① ② ③ ④ ② ⑤ ⑥

ÜBUNG 32 **Versuche, ein Viereck zu definieren und ...**

a) beschreibe, was eine Diagonale eines Vierecks ist.
b) Woran erkennt man, ob ein Viereck konvex (↗ Wissen +) ist?

ÜBUNG 33 **Welche der folgenden Körper haben Vierecke als Begrenzungsflächen? Um wie viele und welche Art von Vierecken handelt es sich jeweils?**

a) Würfel b) Pyramide c) Quader d) Kugel

ÜBUNG 34 **Berechne die fehlenden Winkel der gegebenen Vierecke.**

a)
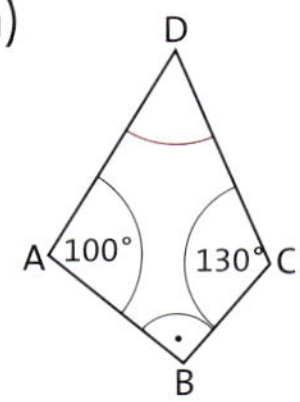

b)
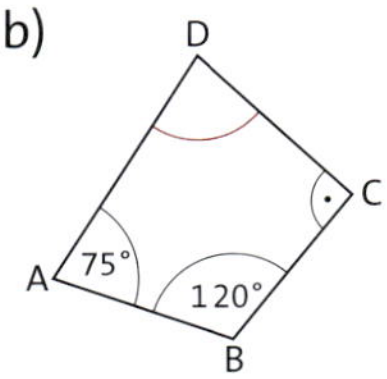

c)
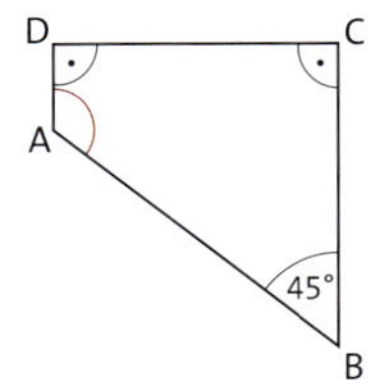

ÜBUNG 35 **Berechne die fehlenden Winkel der gegebenen Vierecke.**

a) $\alpha = 47°$; $\gamma = 65°$; $\delta = 122°$ b) $\alpha = 2\beta$; $\beta = 45°$; $\gamma = 0{,}5\alpha$
c) $\beta = 3\gamma$; $\gamma = 2\delta$; $\delta = 32°$

ÜBUNG 36 **Konstruiere das unregelmäßige Viereck, von dem bekannt ist: $a = 7{,}5\,\text{cm}$; $b = 5\,\text{cm}$; $d = 5{,}2\,\text{cm}$; $\alpha = 65°$; $\beta = 115°$. Fertige eine Planfigur an, konstruiere das Viereck und beschreibe die Schrittfolge.**

WISSEN +

Konvexe Vierecke
In einem konvexen Viereck sind alle Winkel kleiner als 180°; in einem nicht konvexen Viereck ist ein Winkel größer als 180°. In einem nicht konvexen Viereck gibt es Diagonalen, die außerhalb des Vierecks verlaufen.

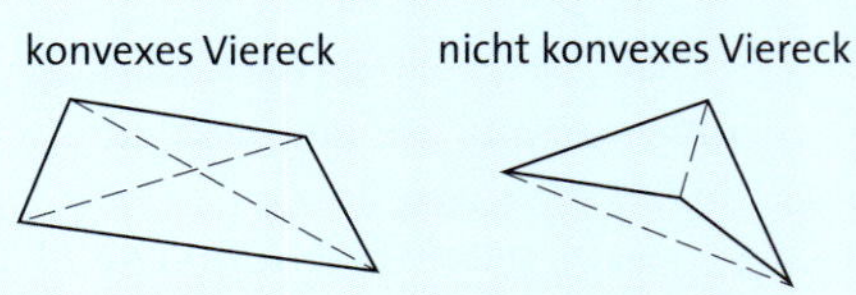

ÜBUNG 37 **Konstruiere Vierecke aus folgenden Stücken:**

a) $a = 5\,\text{cm}$; $b = 6{,}5\,\text{cm}$; $d = 3{,}4\,\text{cm}$; $f = 7{,}5\,\text{cm}$; $\gamma = 68°$
b) $a = 4\,\text{cm}$; $b = 5\,\text{cm}$; $c = 5{,}5\,\text{cm}$; $d = 3{,}8\,\text{cm}$; $f = 6{,}8\,\text{cm}$
c) Warum sind die Konstruktionen dieser Vierecke nicht eindeutig?

ÜBEN

6.5 Spezielle Vierecke

Ein **Trapez** ist ein Viereck mit zwei parallelen Seiten.
Die Winkel an den Schenkeln ergänzen sich zu 180°.

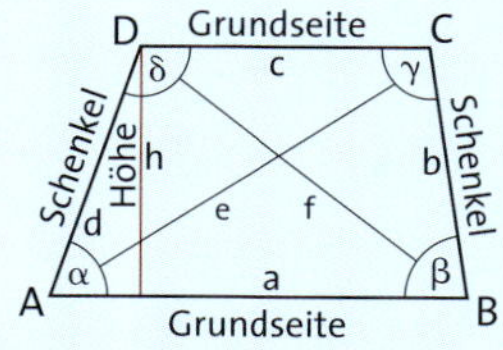

$\gamma + \beta = 180°$
$\alpha + \delta = 180°$

Ein **Parallelogramm** ist ein Viereck, bei dem gegenüberliegende Seiten zueinander parallel und gleich lang sind. Es gilt:
- Gegenüberliegende Innenwinkel sind gleich groß. Benachbarte Winkel ergänzen sich zu 180°.
- Die Diagonalen halbieren einander.

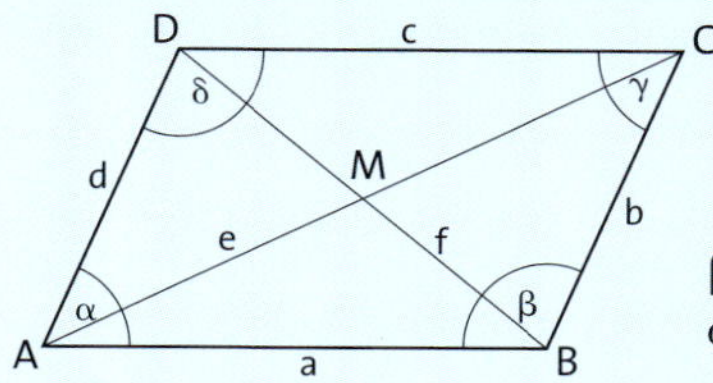

$\beta = \delta$
$\alpha = \gamma$

Ein **Drachenviereck** ist ein Viereck mit zwei Paaren gleich langer benachbarter Seiten.
- Ein Paar gegenüberliegender Winkel ist gleich groß. Das andere Winkelpaar wird durch eine Diagonale halbiert.
- Die Diagonalen stehen senkrecht aufeinander. Eine Diagonale wird durch die andere halbiert.

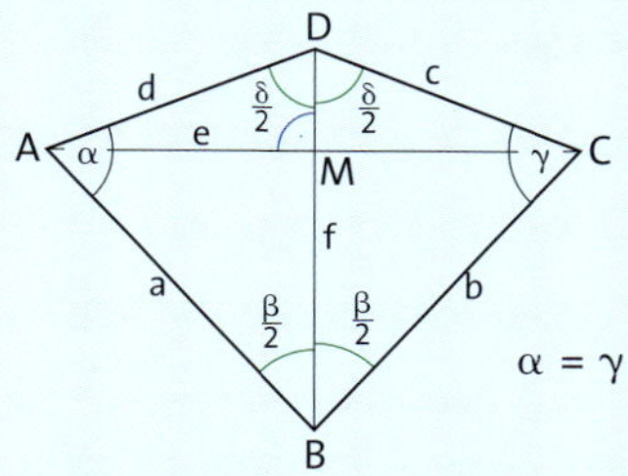

$\alpha = \gamma$

Eine **Raute (Rhombus)** ist ein Parallelogramm mit vier gleich langen Seiten.
- Gegenüberliegende Seiten sind parallel, gegenüberliegende Winkel gleich groß.
- Die Diagonalen stehen senkrecht aufeinander und halbieren einander sowie auch die Winkel.

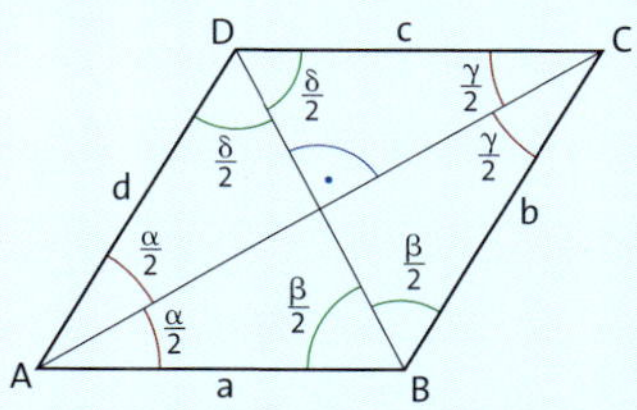

Ein Parallelogramm mit vier rechten Winkeln heißt **Rechteck.**
- Gegenüberliegende Seiten sind parallel und gleich lang.
- Die Diagonalen halbieren einander.

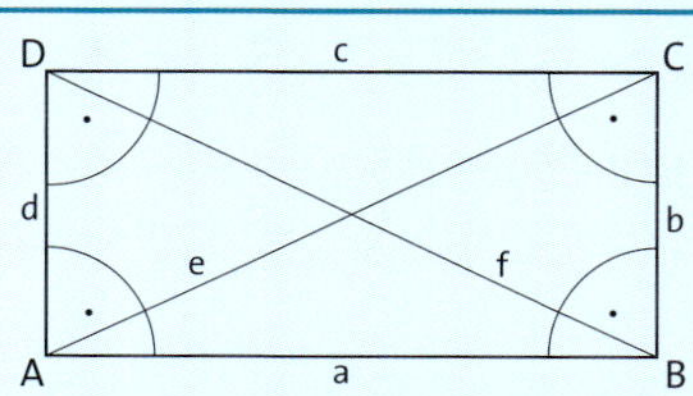

Ein Parallelogramm mit vier gleich langen Seiten und vier rechten Winkeln heißt **Quadrat.**
- Gegenüberliegende Seiten sind parallel.
- Die Diagonalen stehen senkrecht aufeinander und halbieren einander sowie auch die Winkel.

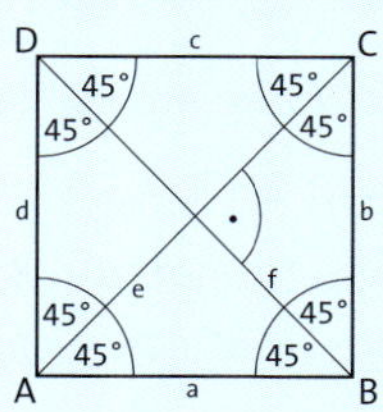

ÜBEN

ÜBUNG 38 **Ordne die Vierecke den auf der vorigen Seite genannten Bezeichnungen zu. Begründe.**

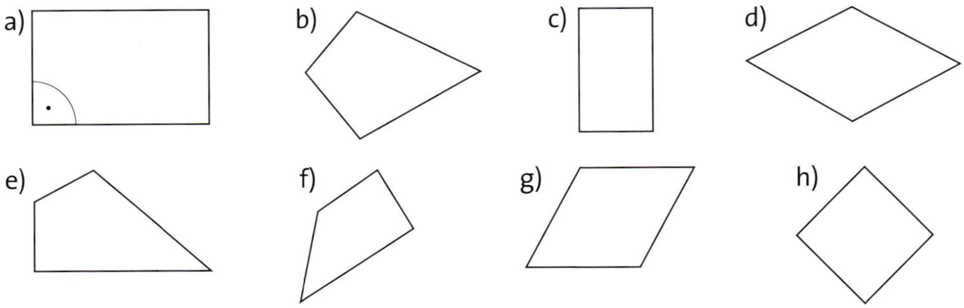

ÜBUNG 39 **In ein Koordinatensystem sollen Vierecke mit folgenden Eckpunkten gezeichnet werden. Um welche Art von Viereck handelt es sich? Überlege erst, überprüfe dann durch Zeichnen.**

a) A (1|1); B (4|1); C (4|4); D (1|4)
b) A (2|5); B (7|5); C (7|7); D (2|7)
c) A (8|2); B (10|3); C (10|5); D (8|4)
d) A (7|5); B (10|5); C (9|10); D (8|10)

ÜBUNG 40 **Entscheide, ob die folgenden Aussagen wahr oder falsch sind. Begründe.**

	w	f
a) Jedes Quadrat ist ein Parallelogramm (Trapez, Drachenviereck, Raute, Rechteck).	☐	☐
b) Es gibt ein Drachenviereck, welches kein Quadrat ist.	☐	☐
c) Es gibt genau ein Parallelogramm, welches keine Raute ist.	☐	☐
d) Ein Parallelogramm ist entweder eine Raute oder ein Rechteck.	☐	☐
e) Wenn ein Viereck ein Trapez ist, so ist es auch ein Parallelogramm.	☐	☐
f) Wenn ein Viereck eine Raute ist, so ist es auch ein Drachenviereck.	☐	☐

g) Bilde die Umkehrung zu den Aussagen e) und f). Sind diese Umkehrungen wahr oder falsch? Begründe!

ÜBUNG 41 **Konstruiere die Vierecke. Bestimme jeweils den Umfang.**

a) Rechteck: $a = 3{,}8\,\text{cm}$; $b = 6{,}2\,\text{cm}$
b) Parallelogramm: $a = 5{,}1\,\text{cm}$; $b = 3{,}8\,\text{cm}$; $\delta = 115°$
c) Raute: $a = 4{,}7\,\text{cm}$; $\beta = 68°$
d) Trapez: $a = 5{,}6\,\text{cm}$; $d = 4{,}3\,\text{cm}$; $h_a = 4\,\text{cm}$; $\beta = 78°$

WISSEN

Flächeninhalt und Umfang von Vierecken
Um den Flächeninhalt eines allgemeinen Vierecks zu bestimmen, muss man es in zwei Dreiecke teilen und die Inhalte der Teildreiecke bestimmen, um diese dann zu addieren.

Bei speziellen Vierecken kann man Gleichungen anwenden, die in dieser Übersicht zusammengestellt sind.

Trapez

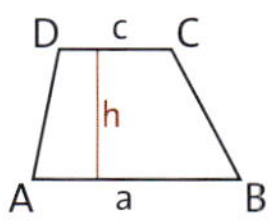

$A = \frac{a+c}{2} \cdot h$

Parallelogramm

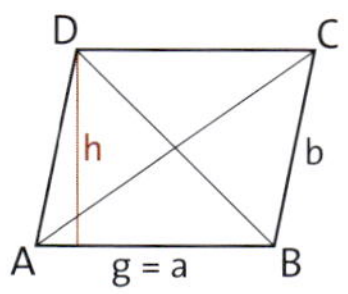

$A = g \cdot h$

Drachenviereck

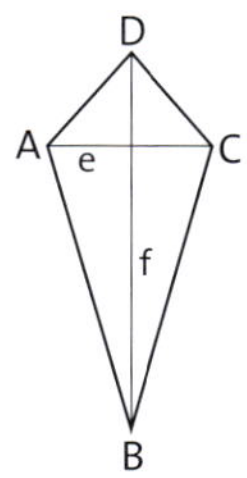

$A = \frac{1}{2} e \cdot f$

Rechteck

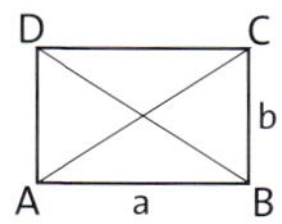

$A = a \cdot b$

Quadrat

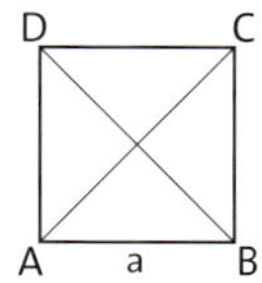

$A = a^2$

Der Umfang eines Vierecks ergibt sich stets aus der Addition der vier Seitenlängen:
$U = a + b + c + d$

Sind gleiche Seiten vorhanden, wird die Gleichung wesentlich einfacher, z. B.:
Quadrat und Raute: $U = 4 \cdot a$; *Rechteck und Parallelogramm:* $U = 2 \cdot (a + b)$.

ÜBEN

ÜBUNG 42 **In der obigen Zusammenstellung fehlt die Angabe für die Raute. Wie bestimmt man den Flächeninhalt und den Umfang der Raute?**

ÜBUNG 43 **Bestimme den Flächeninhalt für jedes der Vierecke aus Übung 41. (Hinweis: Bestimme fehlende Größen durch Ausmessen.)**

ÜBUNG 44 **Konstruiere das Trapez ABCD (a||c) mit den Angaben a = 6,9 cm; d = 4,1 cm; $\alpha = 62°$; $\beta = 90°$. Berechne den Flächeninhalt und den Umfang. Bestimme die für die Berechnungen fehlenden Stücke durch Ausmessen.**

ÜBUNG 45 **Die Zeichnung zeigt den Grundriss eines Gartens im Maßstab 1 : 1 000.**

a) Berechne den Flächeninhalt des Grundstücks. (Hinweis: Teile das Viereck in zwei Teile und berechne die Flächen der Teildreiecke.)
b) Das Grundstück wird mit einem Zaun versehen. Wie lang ist dieser?

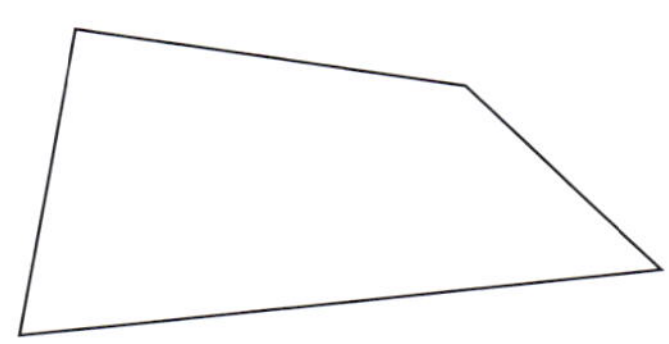

WISSEN

Sehnen- und Tangentenviereck
Ein Viereck, dessen vier Eckpunkte auf einem Kreis liegen, heißt **Sehnenviereck.** Die Seiten des Vierecks sind **Sehnen** des Kreises.
Im Sehnenviereck beträgt die Summe zweier Gegenwinkel stets 180°.

Merke: Ein Sehnenviereck besitzt einen Umkreis.

r ist der Radius des Umkreises.

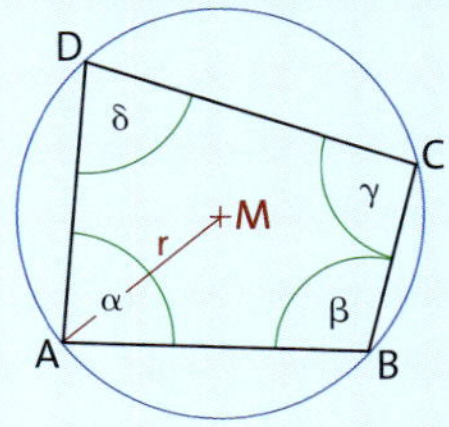

$\alpha + \gamma = 180°$ $\beta + \delta = 180°$

Ein Viereck, dessen vier Seiten auf **Tangenten** eines Kreises liegen, heißt **Tangentenviereck.**
Im Tangentenviereck ist die Summe der Längen gegenüberliegender Seiten gleich.

Merke: Ein Tangentenviereck besitzt einen Inkreis.

s ist der Radius des Inkreises.

$a + c = b + d$

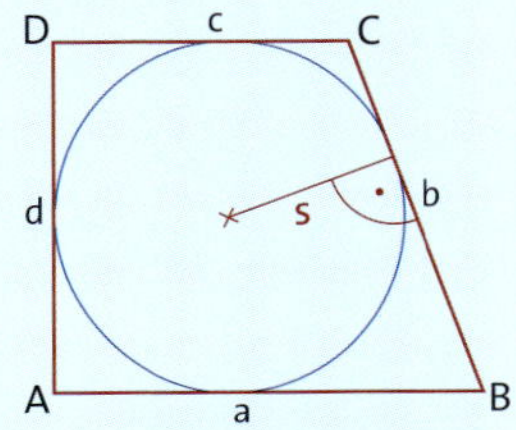

ÜBUNG 46 **Berechne die fehlenden Winkelgrößen in dem Sehnenviereck ABCD.**

a) $\alpha = 45°$; $\beta = 75°$ b) $\alpha = \delta = 120°$ c) $\beta = 72°$; $\delta = 108°$ d) $\alpha = \beta = \delta$

ÜBUNG 47 **Konstruiere ein Sehnenviereck ABCD mit $b = 6\,cm$; $\alpha = 80°$; $\beta = 75°$; Umkreisradius $r = 4\,cm$.**

ÜBUNG 48 **Kann es sich bei dem Viereck ABCD um ein Sehnenviereck handeln? Begründe.**

a) $\alpha = 110°$; $\beta = 35°$; $\gamma = 70°$; $\delta = 145°$
b) $\alpha = 80°$; $\beta = 100°$; $\gamma = 60°$; $\delta = 120°$

ÜBUNG 49 **Stelle fest, ob die folgenden Aussagen wahr oder falsch sind. Begründe deine Antworten.**

a) Jedes Sehnenviereck mit einem Paar paralleler Seiten ist ein Rechteck.
b) Es gibt ein Sehnenviereck mit einem Paar paralleler Seiten, das ein Rechteck ist.
c) Jedes Quadrat (Rechteck, gleichschenkliges Trapez, Drachenviereck) ist ein Sehnenviereck.
d) Es gibt Drachenvierecke, die Sehnenvierecke sind.
e) In jedem Drachenviereck, das ein Sehnenviereck ist, ist eine Diagonale ein Durchmesser des Umkreises.

45 Minuten

KLASSENARBEIT 1

AUFGABE 1 **Berechne alle Innen- und Außenwinkel eines Dreiecks ABC. Du kennst den Innenwinkel $\beta = 38°$ und den Außenwinkel $\alpha' = 81°$.**

AUFGABE 2 **In einem gleichschenkligen Dreieck hat ∢ BAC die Größe $\alpha = 105°$.**

a) Welche Seite ist die Basis des Dreiecks? Begründe.
b) Wie groß sind die anderen beiden Winkel?

AUFGABE 3 **Lukas soll die Entfernung zwischen zwei Baumgruppen schätzen. Er klettert auf den höchsten Baum der Gruppe A und schätzt die Strecke zu B auf 450 m. Beurteile die Schätzung. Aus den Aufzeichnungen eines Försters ist dir die folgende Skizze bekannt. Zeichne in einem geeigneten Maßstab in dein Übungsheft.**

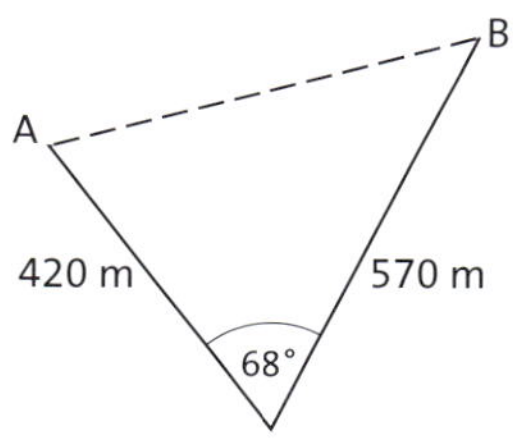

AUFGABE 4 **Konstruiere das Dreieck ABC. Gegeben: b = 6 cm; $\alpha = 78°$; $\gamma = 67°$.**

a) Wie lautet der Kongruenzsatz, nach dem sich das Dreieck konstruieren lässt?
b) Konstruiere den Umkreis dieses Dreiecks.

AUFGABE 5 **Ein Damm soll gebaut werden. Es ist bekannt: Dammsohle 16 m, Dammkrone 5 m, Dammhöhe 4,7 m (siehe Abbildung). Konstruiere die Schnittfläche in einem für dein Übungsheft geeigneten Maßstab. (Hinweis: Die Höhe soll im Mittelpunkt der Sohle, senkrecht auf der Sohle eingezeichnet werden.)**

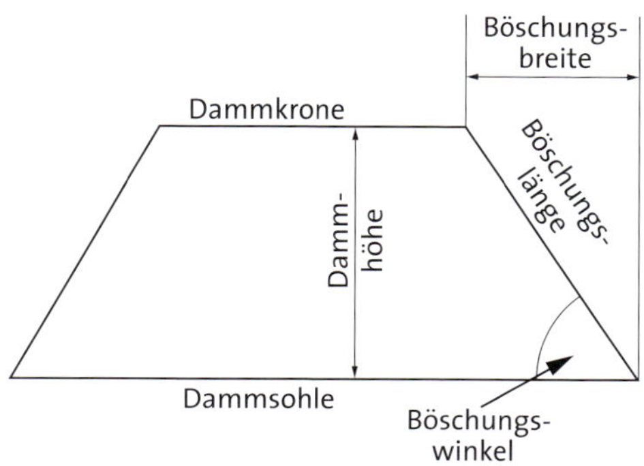

TESTEN

KLASSENARBEIT 2

70 Minuten

AUFGABE 6 Berechne die fehlenden Innen- und Außenwinkel des Dreiecks. Vervollständige die Tabelle.

α	β	γ	α'	β'	γ'
		72°	137°		

AUFGABE 7 Die Basis eines gleichschenkligen Dreiecks ist 5 cm lang. Wie lang müssen die beiden Schenkel mindestens sein?

AUFGABE 8 Der Jugendclub „Treff e. V." bekam zu seinem Grundstück ein bisher nicht genutztes Nachbargrundstück hinzu. Die Jugendlichen erhalten so zu ihrem 25 m breiten und 48 m langen Gelände noch 460 m² hinzu. Wie breit ist das Grundstück jetzt, wenn sich an der Länge nichts geändert hat?

TESTEN

AUFGABE 9 Das Dreieck hat den Umfang 30 cm. Eine Seite ist 2 cm länger als die zweite und 5 cm kürzer als die dritte Seite. Wie lang sind die drei Seiten?

AUFGABE 10 Die Innenwinkel α, β, γ eines Dreiecks verhalten sich wie folgt: $\alpha : \beta : \gamma = 2 : 3 : 5$. Wie groß sind die Außenwinkel dieses Dreiecks ABC?

AUFGABE 11 Die Summe zweier Außenwinkel eines Dreiecks betrage 237°. Wie groß ist der Innenwinkel, der keinem der beiden Außenwinkel anliegt?

AUFGABE 12 Ein Parallelogramm mit den Seitenlängen a und b hat einen Umfang von 17,8 cm. Die Seite a ist um 1 cm länger als b. Wie groß sind a und b?

45 Minuten

KLASSENARBEIT 3

AUFGABE 13 **Berechne die fehlenden Innen- und Außenwinkel der folgenden Dreiecke, deren Eckpunkte mit A, B und C bezeichnet sind, und vervollständige die Tabelle.**

	α	β	γ	α'	β'	γ'
a)	38°	58°				
b)				129°		111°

AUFGABE 14 **Berechne die fehlenden Innenwinkel im Viereck ABCD.**

a) $\alpha = 105°$; $\beta = 65°$; $\delta = 132°$
b) $\beta = 150°$; $\alpha = \gamma = \delta$

AUFGABE 15 **Das Dreieck ABC ist durch die Stücke a = 7,0 cm; c = 5,5 cm und β = 70° gegeben.**

a) Welcher Kongruenzsatz entspricht den gegebenen Stücken?
b) Konstruiere das Dreieck ABC.
c) Zeichne die Höhe h_a ein.
d) Miss die Länge von h_a und berechne den Flächeninhalt des Dreiecks.
e) Konstruiere den Inkreis des Dreiecks ABC.

AUFGABE 16 **Konstruiere ein gleichschenkliges Dreieck ABC (Basis c = AB). Beschreibe die Schrittfolge deiner Konstruktion.**

a) c = 4,7 cm; $\alpha = 53°$
b) c = 5,2 cm; $\gamma = 48°$

AUFGABE 17 **Konstruiere folgende Vierecke. Lege deinen Lösungsweg durch das Anfertigen einer Planfigur fest.**

a) ein Rechteck ABCD mit a = 6,5 cm; b = 4 cm
b) ein Trapez ABCD mit a = 5,9 cm; c = 2,7 cm; h_a = 3,5 cm; $\alpha = 68°$ (a||c)

KLASSENARBEIT 4

45 Minuten

AUFGABE 18 **Löse die folgenden Aufgaben zum gleichschenkligen Dreieck.**

a) Die Schenkel eines gleichschenkligen Dreiecks sind 6 cm lang. Wie lang darf die Basis höchstens sein? (Begründe deine Lösung mit einer Ungleichung.)

b) In einem gleichschenkligen Dreieck ABC sind die Seiten c und a 11 cm bzw. 5 cm lang. Wie lang ist die Seite b?

AUFGABE 19 **Ein Trapez ist durch die Koordinaten der Eckpunkte gegeben: A(−2,5|0,5); B(5|3,5); C(3|7); D(−2|5).**

a) Zeichne das Trapez in ein Koordinatensystem ein (eine Einheit auf den Koordinatenachsen entspricht 1 cm).

b) Miss die für die Berechnung des Flächeninhalts und des Umfangs notwendigen Streckenlängen. Bestimme Umfang U und Flächeninhalt A des Trapezes.

AUFGABE 20 **Bestimme vom abgebildeten Viereck ABCD den Umfang U und den Flächeninhalt A. (Tipp: Zur Flächenberechnung teile das Viereck sinnvoll.)**

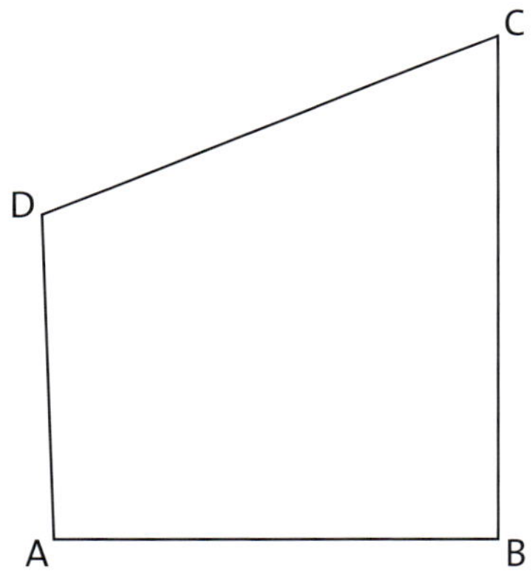

AUFGABE 21 **Ein Waldgebiet wird durch drei geradlinig verlaufende Forststraßen begrenzt. Es soll ein Wildfütterungsplatz angelegt werden, der zu allen drei Straßen die gleiche Entfernung hat, um bequem erreichbar zu sein. Wo soll der Förstner ihn anlegen? Zeichne in einem geeigneten Maßstab in dein Heft.**

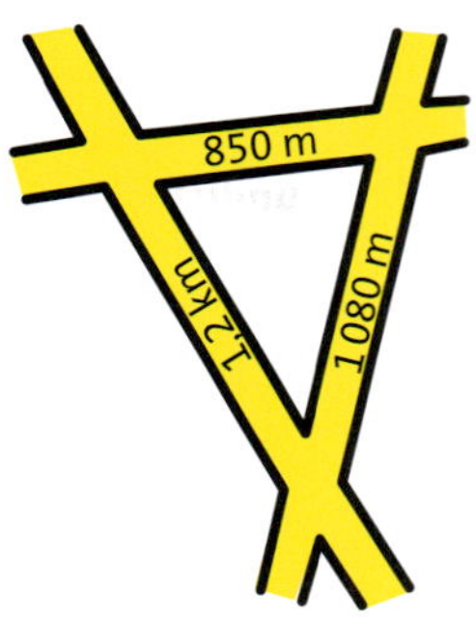

TESTEN

7 Darstellen räumlicher Objekte

7.1 Projektionsarten

Ein Körper hat drei räumliche Dimensionen: die **Länge,** die **Breite (Tiefe)** und die **Höhe.**
Mithilfe von **Projektionsstrahlen** kann ein räumlicher Körper auf eine Ebene (Zeichenblatt) abgebildet werden.
Jedem Punkt des Originals wird genau ein Bildpunkt der Ebene zugeordnet.

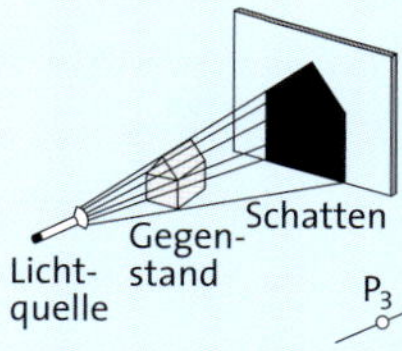

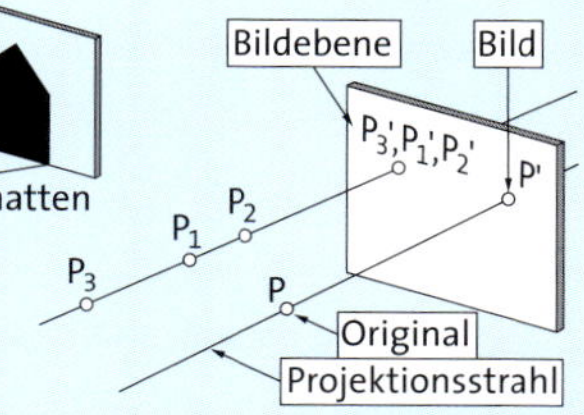

Gehen alle Projektionsstrahlen von einem Punkt (Zentrum) aus, so heißt die Abbildung **Zentralprojektion.**
Dieser Punkt liegt nicht in der Bildebene.

Verlaufen alle Projektionsstrahlen parallel zueinander, so heißt die Abbildung **Parallelprojektion.**

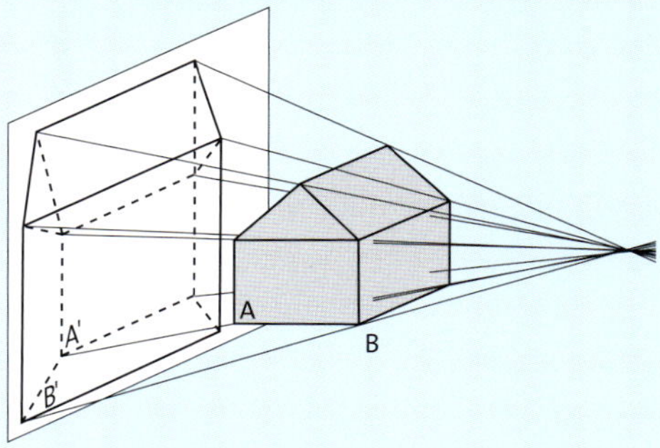

Senkrechte Projektion

Verlaufen die Projektionsstrahlen alle senkrecht zur Bildebene, spricht man von einer **senkrechten Parallelprojektion** oder **Orthogonalprojektion.**

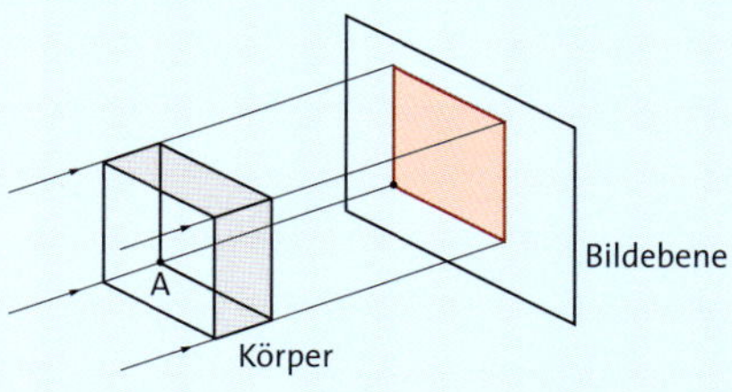

Häufig wird die **Zweitafelprojektion** verwendet, sie besteht aus zwei senkrechten Parallelprojektionen und zeigt einen **Grundriss** und einen **Aufriss** des Körpers. Die **Grundrissebene** befindet sich unter dem Körper. Die **Aufrissebene** befindet sich hinter dem Körper.

Dem Grundriss entspricht die Ansicht von oben **(Draufsicht)**. Dem Aufriss entspricht die Ansicht von vorn **(Vorderansicht)**.

Merke: Ordnungslinien verbinden die Bilder ein und desselben Punktes in den Rissebenen.

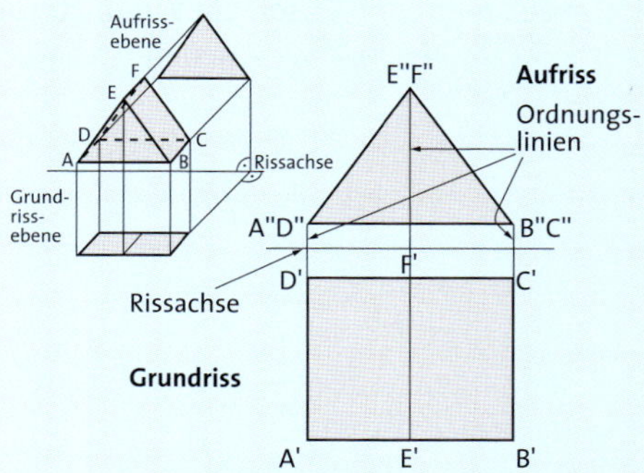

WISSEN

Darstellung eines Körpers im Zweitafelbild:
Zeichne alle Linien vorerst sehr dünn und gehe in der folgenden Reihenfolge vor.

1. Wähle die Lage des Körpers so, dass möglichst viele Kanten parallel zur Rissachse verlaufen. Außerdem sollte er weder die Grundriss- noch die Aufrissebene berühren. Stelle ihn dir also „schwebend“ (vgl. * in Abb. ② und ⑤) vor.
2. Trenne Grund- und Aufrissebene durch die Rissachse.
3. Zeichne den Grundriss, indem du die Draufsicht (Ansicht des Köpers von oben) darstellst.
4. Zeichne die Ordnungslinien, indem du die Kanten, die senkrecht zur Aufrissebene stehen, über die Rissachse hinaus verlängerst.
5. Zeichne den Aufriss, indem du die Vorderansicht des Körpers darstellst. Die Ordnungslinien dienen dabei als Hilfslinien.
6. Sichtbare Kanten werden nachgezeichnet, unsichtbare gestrichelt.
7. Eckpunkte werden beschriftet:
   - Grundrisspunkte heißen A', B', ...
   - Aufrisspunkte heißen A", B", ... usw.

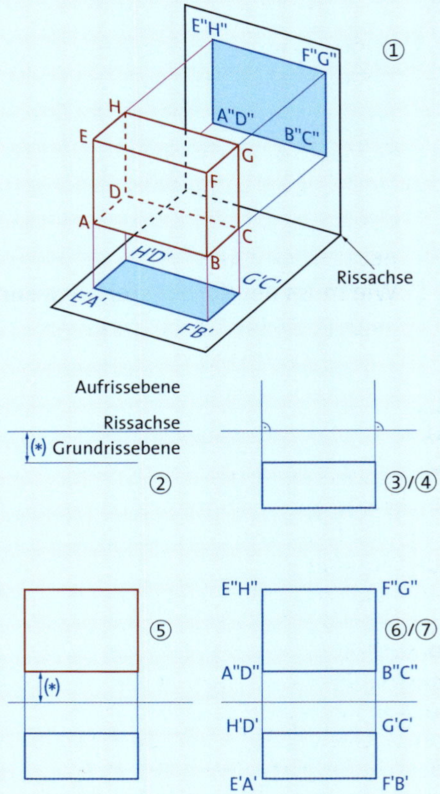

Schiefwinklige Projektion

Verlaufen die Projektionsstrahlen nicht senkrecht zur Bildebene, so spricht man von einer **schiefwinkligen (schrägen) Parallelprojektion.**

Meist wird das so genannte **Schrägbild** (auch **Kavalierprojektion** oder Kavalierperspektive) verwendet, da es besonders anschauliche Darstellungen liefert (↗ S. 110).

Ein Quader in Kavalierprojektion:

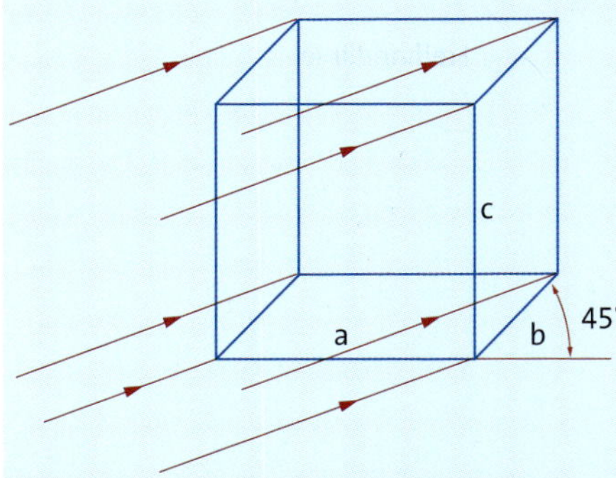

ÜBUNG 1 **Die unten abgebildete Zeichnung zeigt eine Gartenlaube. Diese ist in Kavalierprojektion dargestellt.**

a) Stelle diesen Körper in einer Zweitafelprojektion dar. Wähle dazu einen geeigneten Maßstab. Beschrifte die Eckpunkte des Körpers.
b) Wie muss der Körper stehen, wenn die Kante EF im Aufriss gestrichelt gezeichnet werden muss?
c) Wie muss der Körper stehen, wenn die Seite BCGF im Aufriss zu sehen ist?

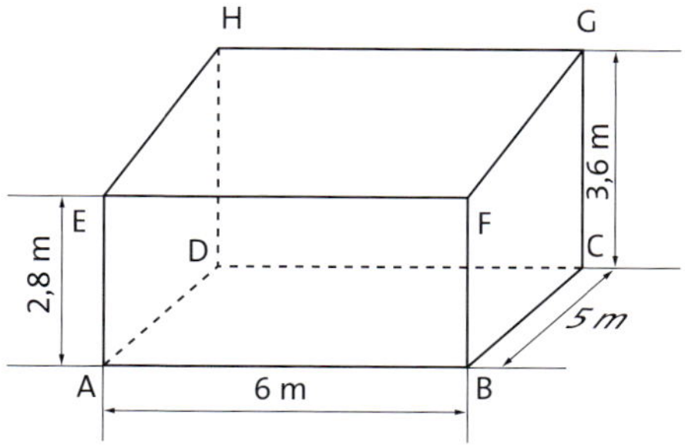

WISSEN

Technisches Zeichnen
Technisches Zeichnen ist das maßstabgerechte Darstellen eines technischen Gegenstands.
Die gesamte Art der Darstellung ist genormt. Der Gegenstand wird in der **Draufsicht** (im Grundriss); **in der Vorderansicht** (im Aufriss) oder in der **Seitenansicht** (im Seitenriss) jeweils durch die senkrechte Parallelprojektion dargestellt. Bei schwierigeren Teilen und Werkstücken werden **Schnittdarstellungen** angefertigt. Die Zeichnung muss alle Maße und Angaben (Werkstoff, Wärmebehandlung, Oberflächengüte, Toleranzen u. Ä.) enthalten, die zur Herstellung des Werkstücks nötig sind, sowie den Maßstab.

Linienformate:

Breite	Linienart	Verwendung
0,35 mm	Volllinie	Maß- und Maßhilfslinien
- - - - - - - -	Strichlinie	verdeckte Körperlinie
-·-·-·-·-	Strichpunktlinie	Symmetrieachsen Mittellinien
~	Freihandlinie	Skizzierlinien, Bruchkanten
0,7 mm	Volllinie	sichtbare Körperkanten

Die Zeichnungsformate sind nach DIN 823 festgelegt.

Erläuterung:

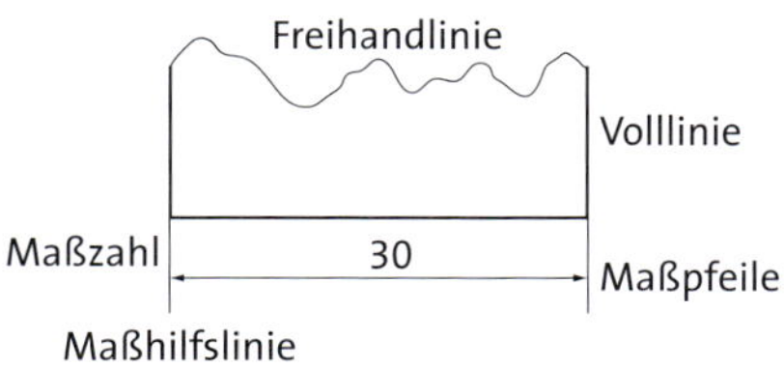

Beispiel:

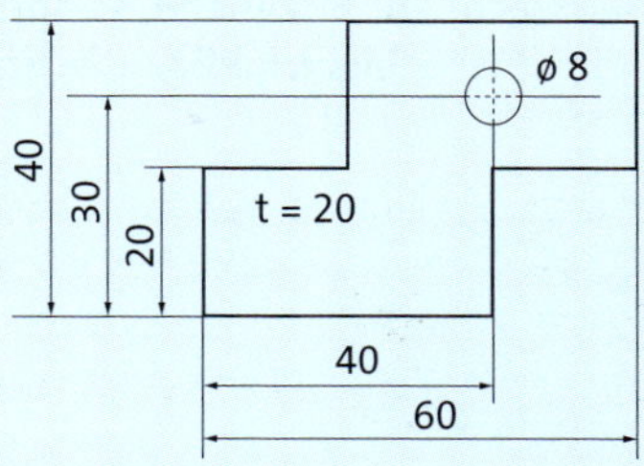

Darstellung eines Werkstücks
t = 20 (Dicke des Werkstücks)

ÜBUNG 2 **Welche Darstellungen sind Zweitafelbilder jeweils eines Körpers, welche nicht? Überlege, ob dir immer ein Beispiel für das Original einfällt.**

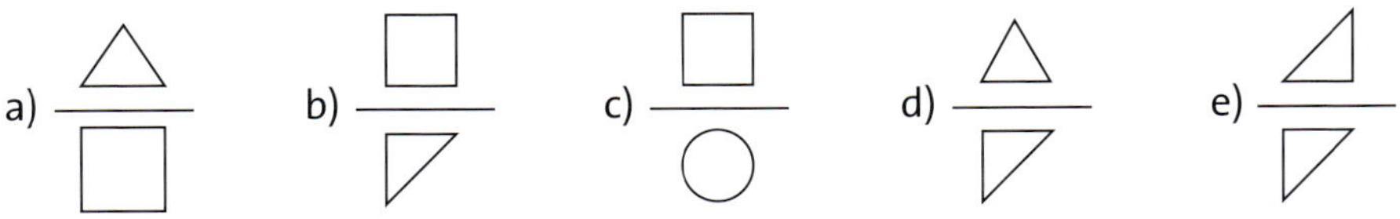

ÜBUNG 3 **Stelle die beiden Körper im Zweitafelverfahren dar.**

a) Quader: Grundfläche a = 5 cm; b = 3,5 cm; der Körper ist 2,5 cm hoch.

b) Dreiseitiges Prisma, stehend auf der Dreiecksfläche (siehe Schrägbild). Welche beiden Möglichkeiten ergeben sich laut Aufgabenstellung?

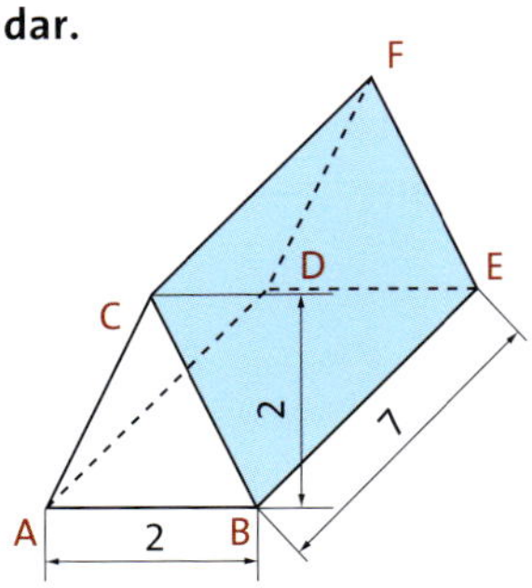

WISSEN

Konstruktion eines Schrägbildes
Zeichnen eines liegenden Prismas mit einem gleichseitigen Dreieck als Grundfläche.
Beachte die folgende Reihenfolge der Arbeitsschritte:

1. Zeichne die Vorderfläche in Originalgröße (oder einem geeigneten Maßstab).
2. Zeichne die Tiefenkanten (die schräg nach hinten verlaufenden Kanten):
   – Zeichne an den Ecken jeweils eine 45°-Linie an und
   – trage an diesen Linien die Tiefenkanten des Körpers *um die Hälfte* verkürzt ab.
3. Zeichne die Rückfläche (Deckfläche) des Körpers, indem du die Kanten zum vollständigen Schrägbild ergänzt.
4. Zeichne die Kanten nach, beschrifte die Zeichnung, wenn es gefordert ist.

Beachte: Verdeckte Kanten werden gestrichelt dargestellt.

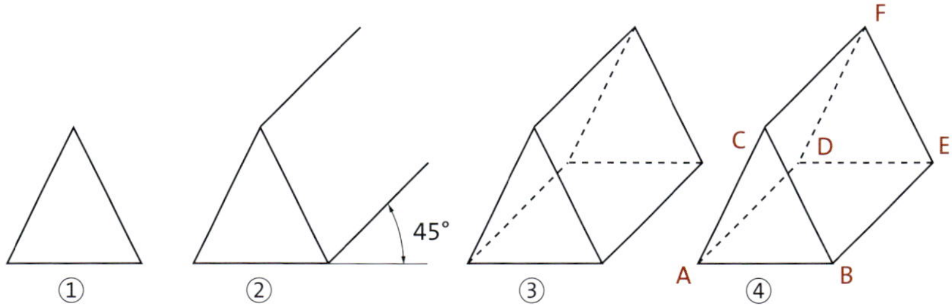

ÜBUNG 4 **Konstruiere das Schrägbild eines Quaders mit den Maßen $a = 6\,cm$; $b = 4\,cm$; $c = 5\,cm$.**

a) Er steht auf der größten Begrenzungsfläche.
b) Er steht auf der kleinsten Begrenzungsfläche.

ÜBUNG 5 **In der unten stehenden Abbildung sind drei Körper in Kavalierprojektion dargestellt.**

a) Beschrifte die Eckpunkte der Körper.
b) Ermittle die wahren Kantenlängen der dargestellten Körper.
c) Stelle die Körper in deinem Übungsheft im Zweitafelverfahren dar.

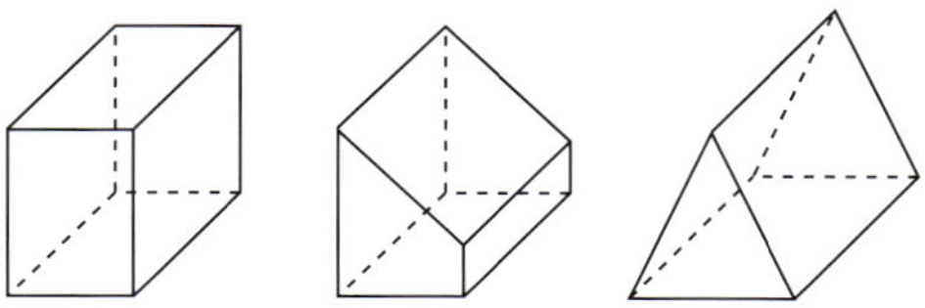

ÜBUNG 6 **Suche eine Streichholzschachtel und bestimme die Maße dieses Körpers.**

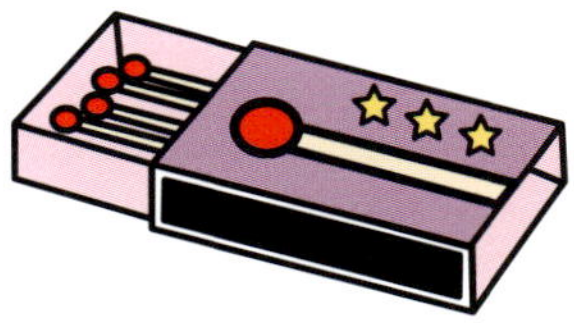

a) Stelle den Körper in Kavalierprojektion so dar, dass er auf der kleinsten Fläche steht und die größte Fläche nach vorne zeigt.
b) Stelle den Körper in Zweitafelprojektion so dar, dass er auf der größten Fläche steht. Zeichne beide Möglichkeiten.
c) Zeichne den Körper, stehend auf der kleinsten Fläche, in Zweitafelprojektion so, dass die Kanten der Grundfläche *nicht* parallel zur Aufrissebene liegen.

ÜBUNG 7 **Die Abbildungen zeigen Zweitafelprojektionen eines Dreiecks. Veranschauliche dir jeweils die Lage des Dreiecks in einem Zweitafelmodell (z. B. dein aufgeklapptes Übungsheft). Zeichne dafür ein Dreieck auf Pappe, schneide es aus und beschrifte die Eckpunkte.**

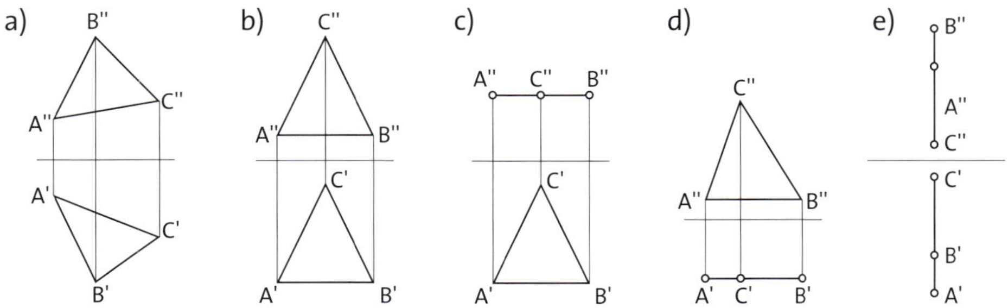

7.2 Pyramiden und Prismen

WISSEN

Ein Körper hat drei räumliche Dimensionen und wird durch seine Grenzflächen beschrieben.
Die bekanntesten Körper besitzen flache oder kreis- bzw. kugelförmige Grenzflächen.

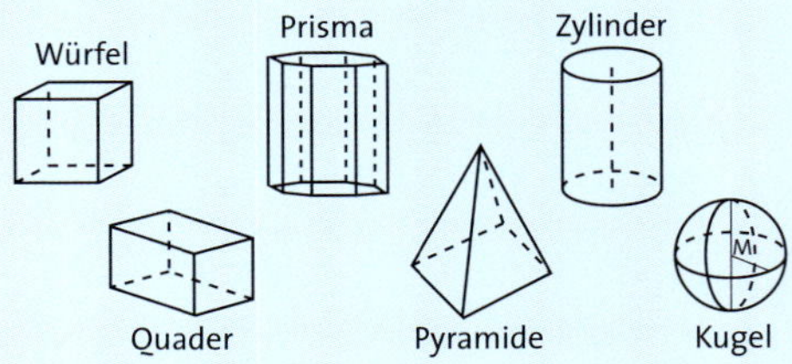

Pyramide

Die Grundfläche einer **Pyramide** ist ein Vieleck (n-Eck; im Beispiel rechts ein Quadrat), die Seitenflächen sind n Dreiecke mit gemeinsamem Scheitel S, der zugleich die Spitze der Pyramide ist.

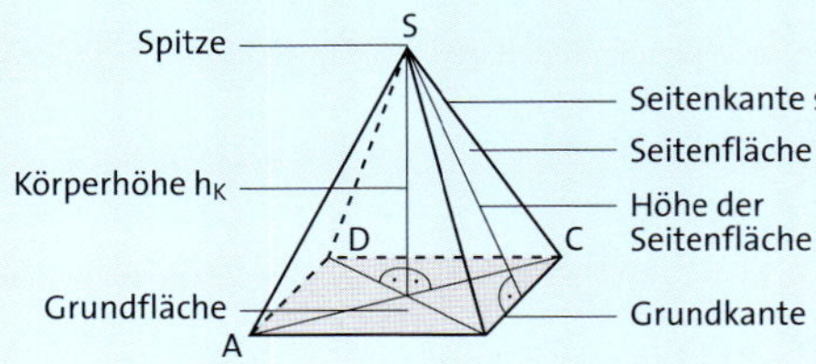

Prisma

Ein **gerades Prisma** wird begrenzt von
- einer **Grund-** und einer **Deckfläche,** die zueinander parallele und kongruente (deckungsgleiche) n-Eck-Flächen sind, und
- einer **Mantelfläche** (den **Seitenflächen**), die aus n Rechtecken besteht.

Der Abstand zwischen Grund- und Deckfläche heißt **Höhe** h des Prismas.
Liegen Grund- und Deckfläche nicht senkrecht zu den Seitenflächen, so besteht die Mantelfläche aus Parallelogrammen und man spricht von einem **schiefen Prisma.**

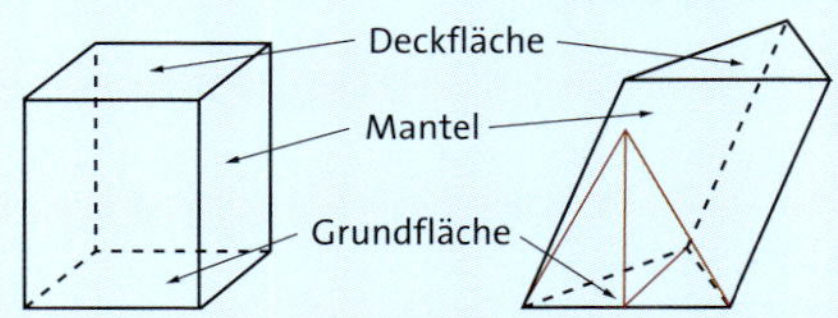

gerades Prisma

schiefes Prisma

Die Mantelfläche besteht aus *Rechtecken.*

Die Mantelfläche besteht aus *Parallelogrammen.*

Zylinder

Ein **gerader Zylinder** wird begrenzt von
- zwei zueinander parallelen und kongruenten (deckungsgleichen) Kreisflächen (Grund- und Deckfläche) und
- einer (im Gegensatz zum Prisma) gekrümmten Mantelfläche, die abgerollt ein Rechteck ergibt.

Der Abstand zwischen Grund- und Deckfläche heißt **Höhe** h des Zylinders.

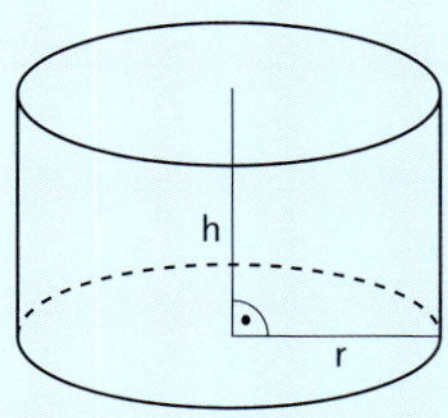

WISSEN

Volumenberechnung von Pyramide und Prisma

Prisma: Das Volumen V eines Prismas ist gleich dem Produkt aus dem Inhalt der Grundfläche A_G und der Körperhöhe h_K:
$V = A_G \cdot h_K$

Also gilt für den ...
- Würfel $V = A_G \cdot h = a^2 \cdot a = a^3$

und für den
- Quader $V = A_G \cdot h = a \cdot b \cdot c$.

Berechne das Volumen eines Prismas mit einem gleichseitigen Trapez als Grundfläche (a = 4 cm, c = 2,4 cm, Flächenhöhe h_T = 3 cm) und der Körperhöhe h_K = 7,8 cm.

$A_G = \frac{a+c}{2} \cdot h_T$ $\quad V = A_G \cdot h_K$

$A_G = 9{,}6\,\text{cm}^2$ $\quad V = 9{,}6\,\text{cm}^2 \cdot 7{,}8\,\text{cm}$

$\mathbf{V \approx 74{,}9\,cm^3}$

Pyramide: Aus der Gleichung für das Volumen des Prismas kann man die Volumenberechnung für die Pyramide herleiten.
Das Volumen V ist gleich einem Drittel des Produktes aus der Grundfläche A_G und der Körperhöhe h_K:

$V = \frac{1}{3} A_G \cdot h_K$

Berechne das Volumen einer quadratischen Pyramide. Die Grundkante der Pyramide ist 8 cm lang, die Höhe beträgt 9,3 cm.

$A_G = a^2$ $\quad V = \frac{1}{3} A_G \cdot h_K$

$A_G = (8\,\text{cm})^2$ $\quad V = \frac{1}{3} \cdot 64\,\text{cm}^2 \cdot 9{,}3\,\text{cm}$

$A_G = 64\,\text{cm}^2$ $\quad \mathbf{V = 198{,}4\,cm^3}$

ÜBUNG 8 **Berechne die Volumen folgender Körper.**

a) Prisma mit einer quadratischen Grundfläche: a = 7,2 cm; h_K = 8 cm
b) Prisma, dessen Grundfläche ein Trapez ist: a||c; a = 4,5 cm; c = 30 mm; h_T = 3 cm; h_K = 0,8 dm

ÜBUNG 9 **Bearbeite die Abbildung des in Kavalierprojektion dargestellten Körpers.**

a) Vervollständige die begonnene Zweitafelprojektion. Beschrifte die Zeichnung korrekt. Gib die wahren Maße der folgenden Kanten an:

$\overline{AB}$ =

$\overline{BC}$ =

$\overline{AE}$ =

$\overline{CG}$ =

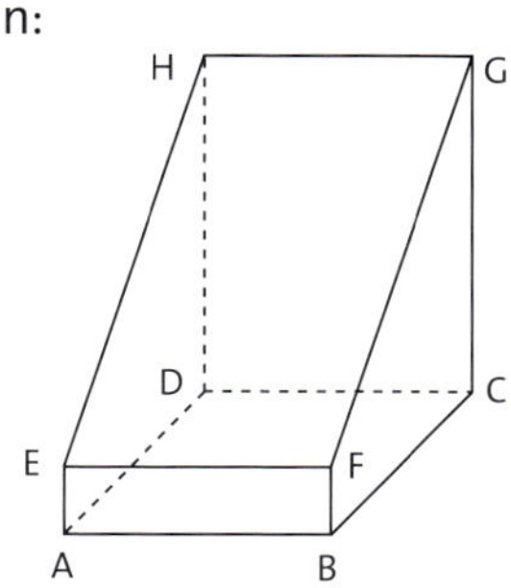

b) Berechne in deinem Übungsheft das Volumen des Körpers.

ÜBEN

ÜBEN

WISSEN

Netz einer Pyramide: Faltet man einen Körper auseinander, so erhält man sein **Netz.**
Die **Oberfläche** setzt sich zusammen aus Grund- und Mantelfläche.
Die **Mantelfläche** besteht aus allen Seitenflächen.
Für den **Oberflächeninhalt** A_O gilt:

$$\mathbf{A_O = A_G + A_M}$$

Netz einer quadratischen Pyramide:

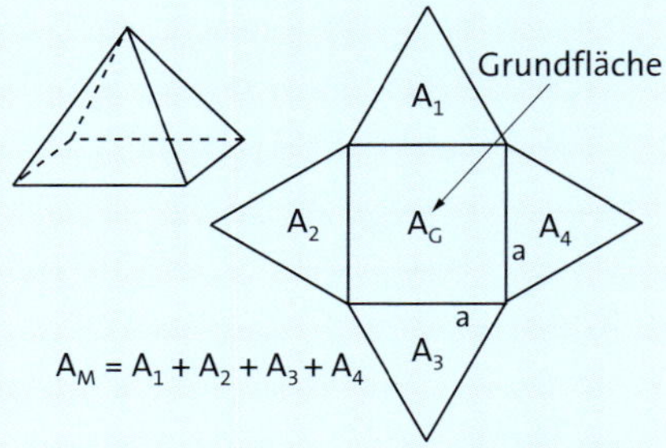

Netz eines Prismas: Die **Oberfläche** setzt sich zusammen aus Grund-, Deck- und Mantelfläche.
Die **Mantelfläche** besteht aus allen Seitenflächen.
Da Grund- und Deckfläche gleich groß sind, gilt für den Oberflächeninhalt A_O:

$$\mathbf{A_O = 2 \cdot A_G + A_M}$$

Netz eines Prismas (die Grundfläche ist ein gleichseitiges Dreieck):

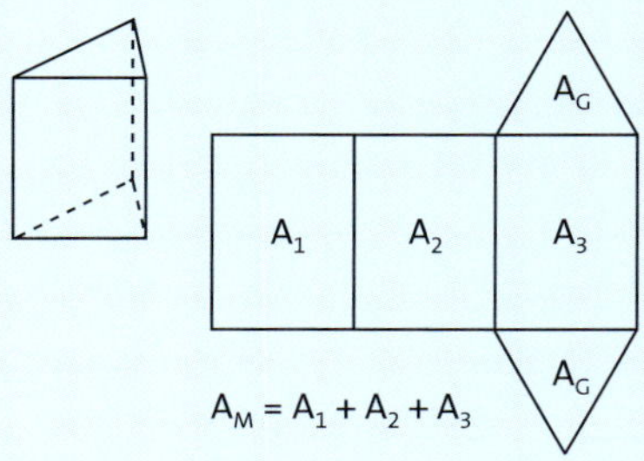

ÜBUNG 10 **Zeichne ein Netz einer quadratischen Pyramide ($a = 5\,\text{cm}$; $h_K = 5\,\text{cm}$). Berechne den Oberflächeninhalt und das Volumen dieser Pyramide. Die für die Bearbeitung notwendige Seitenhöhe kannst du durch eine Zeichnung ermitteln.**

ÜBUNG 11 **Ein Prisma mit dreiseitiger Grundfläche ist 5 cm hoch. Die Grundfläche ist ein gleichschenklig-rechtwinkliges Dreieck mit $a = b = 3{,}5\,\text{cm}$ und $c \approx 4{,}9\,\text{cm}$.**

a) Zeichne ein Netz des Prismas.
b) Berechne den Oberflächeninhalt und das Volumen des Prismas.

ÜBUNG 12 **Die Grundfläche eines Prismas ist ein Dreieck mit den Seitenlängen 3 cm, 4 cm und 5 cm. Die Höhe des Prismas beträgt 6 cm.**

a) Zeichne ein Netz des Prismas.
b) Zeichne ein Schrägbild des Prismas.
c) Berechne das Volumen und die Oberfläche des Prismas.

ÜBUNG 13 **Berechne die Oberfläche des Körpers, der in Übung 9 bearbeitet wurde. Ermittle die zur Berechnung der Mantelfläche erforderliche Strecke mithilfe einer Zeichnung.**

45 Minuten

KLASSENARBEIT 1

AUFGABE 1 **In der Abbildung ist ein Würfel ABCDEFGH in Kavalierprojektion dargestellt.**

a) Welche Strecken sind in wahrer Länge abgebildet?
b) Welche Seitenflächen sind in wahrer Größe und Gestalt abgebildet?

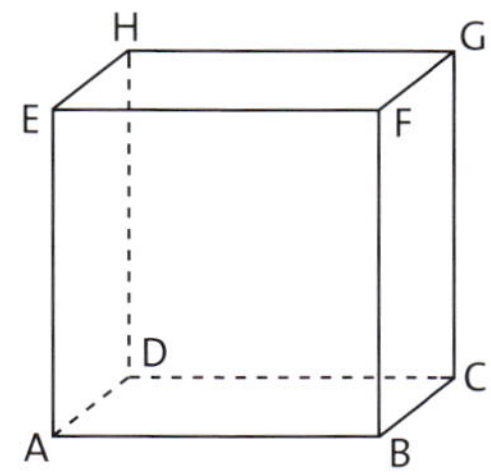

AUFGABE 2 **Die drei Abbildungen sollen Netze von Prismen darstellen. Das trifft jedoch nur für eine Abbildung zu. Begründe und erläutere.**

a)

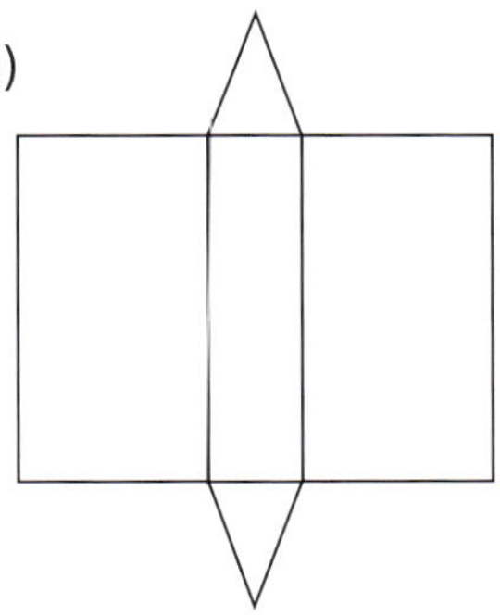

b)

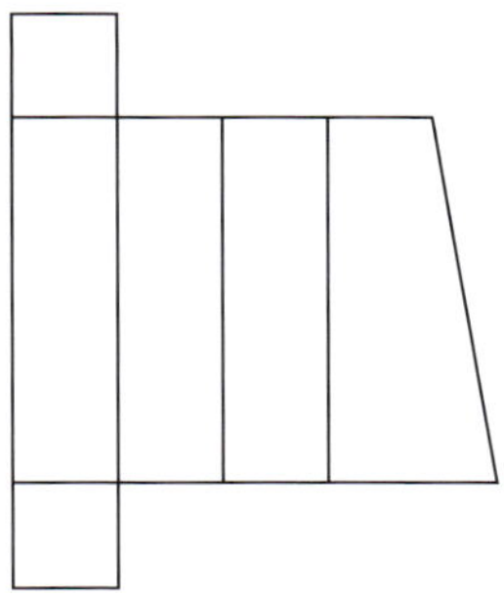

c)

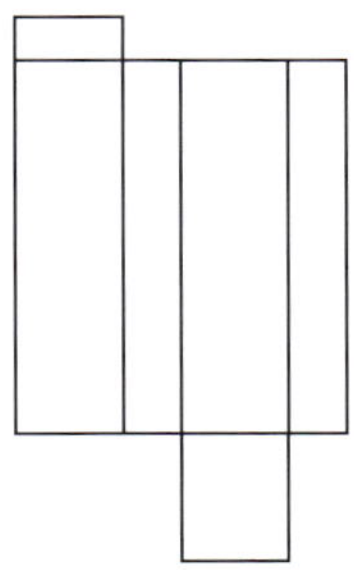

AUFGABE 3 **Berechne das Volumen, die Größe der Mantelfläche und die Oberfläche der gegebenen Prismen. (Hinweis: Nicht angegebene, aber benötigte Stücke können durch eine entsprechende Zeichnung ermittelt werden.)**

a) quadratische Pyramide: $a = 8\,cm$; $h_K = 10{,}5\,cm$
b) Pyramide mit rechteckiger Grundfläche: $a = 3\,m$; $b = 5\,m$; $h_K = 40\,dm$

AUFGABE 4 **Von einem geraden Prisma mit rechteckiger Grundfläche sind das Volumen, die Höhe und eine Seite der Grundfläche bekannt ($V = 432\,cm^3$; $h_K = 12\,cm$; $a = 8\,cm$).**

a) Berechne die fehlende Seite.
b) Wie groß ist die Oberfläche?
c) Zeichne ein Netz in einem geeigneten Maßstab.
d) Du sollst ein Modell des Körpers aus Draht anfertigen. Wie viel Draht brauchst du für die Herstellung dieses Modells?

TESTEN

KLASSENARBEIT 2

60 Minuten

AUFGABE 5 **Zeichne das Netz des dargestellten Körpers. Bestimme die Summe der Kantenlängen (l).**

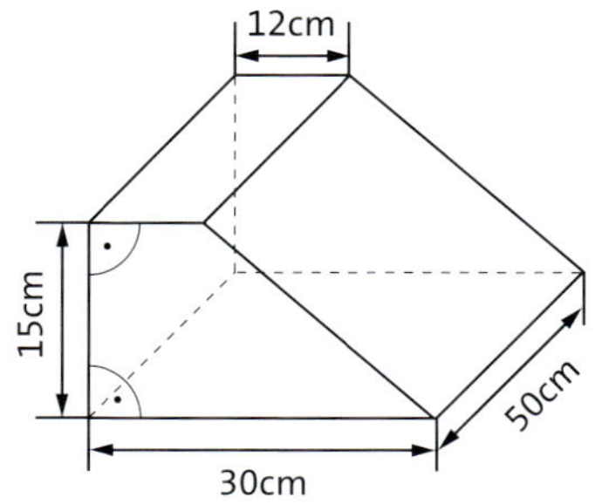

AUFGABE 6 **Ein gerades dreiseitiges Prisma hat als Grund- und Deckfläche gleichschenklige Dreiecke mit einer Basislänge von 1,8 dm und einer Höhe von 1,2 dm. Die Höhe des Prismas beträgt 2,1 dm.**

a) Zeichne das Netz des Prismas im Maßstab 1 : 3.
b) Berechne den Oberflächeninhalt des Prismas.
c) Stelle das Prisma als Schrägbild im Maßstab 1 : 3 dar.

AUFGABE 7 **Gegeben ist das Netz eines Prismas, dessen Grundfläche ein gleichseitiges Dreieck ist.**

a) Stelle das Prisma in Kavalierprojektion ($\alpha = 45°$) dar. Beachte, dass die Höhe der Grundfläche nicht bekannt ist.
b) Bestimme das Volumen und den Oberflächeninhalt des Prismas.

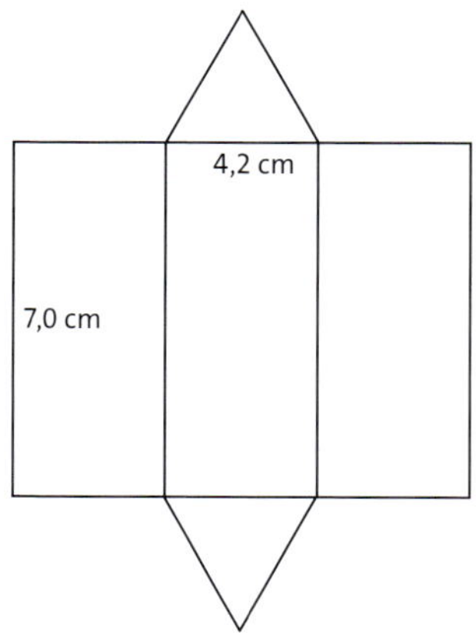

AUFGABE 8 **Zeichne das Netz eines Prismas mit der trapezförmigen Grundfläche ABCD ($a \| c$) und $a = 6$ cm; $d = 2,5$ cm; $c = 3$ cm und $\alpha = 45°$, sowie der Höhe $h_K = 5$ cm. Berechne das Volumen dieses Prismas.**

TESTEN

60 Minuten

KLASSENARBEIT 3

AUFGABE 9 **Ordne die Grundrisse den einzelnen Körpern zu.**

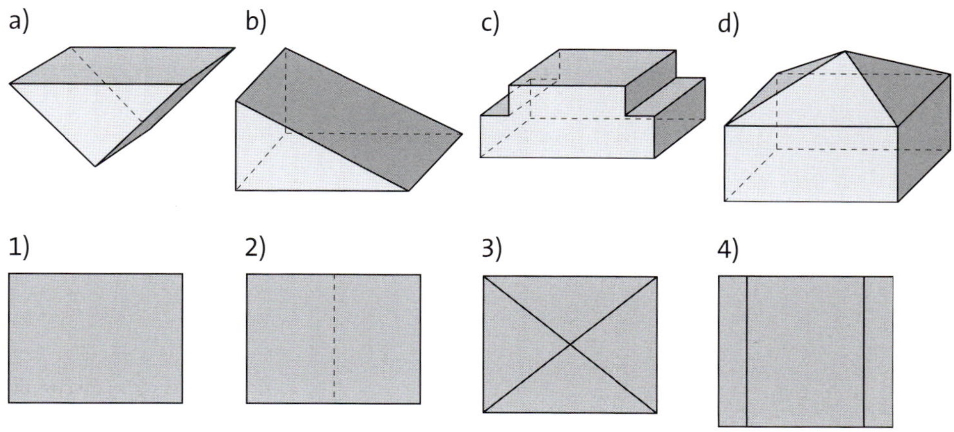

AUFGABE 10 **Bei den folgenden vier Abbildungen soll es sich um Zweitafelprojektionen von Pyramiden handeln. Allerdings ist nur eine der Darstellungen korrekt. Finde die richtige Darstellung heraus und korrigiere die anderen.**

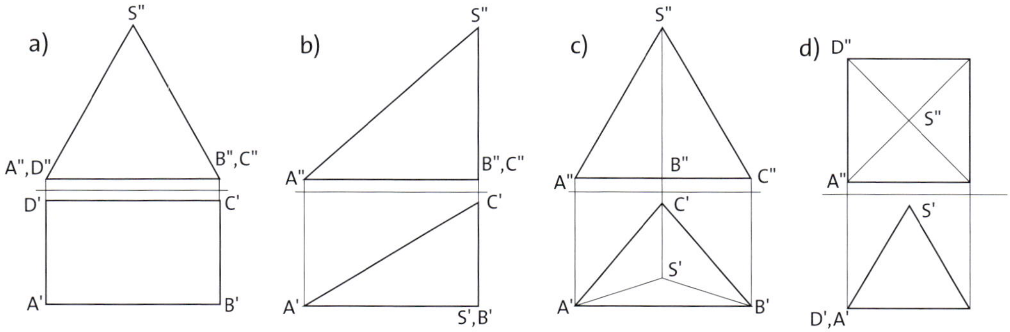

AUFGABE 11 **Konstruiere das Schrägbild eines Prismas mit der Höhe h_K = 4 cm und einem gleichschenkligen Trapez mit a = 5 cm; c = 3 cm; h_a = 3,5 cm als Grundfläche. Beschrifte die Eckpunkte.**

TESTEN

AUFGABE 12 **Stelle das Prisma aus Aufgabe 11 in einer Zweitafelprojektion dar.**

AUFGABE 13 **Eine gerade Pyramide mit rechteckiger Grundfläche hat das Volumen V = 16 cm³. Die Seitenlängen der Grundfläche sind a = 4 cm und b = 2,5 cm.**

a) Berechne die Höhe der Pyramide.
b) Stelle die Pyramide in Kavalierperspektive und in Zweitafelprojektion dar.
c) Stelle eine zweite Seitenansicht dar. Aus den Seitenansichten können jeweils die Höhen der Seitenflächen ermittelt werden. Berechne die Mantelfläche und die Oberfläche der Pyramide.
d) Zeichne das Netz der Pyramide.

AUFGABE 14 **In der folgenden Abbildung ist ein Oktaeder mit der Kantenlänge a = 4 cm dargestellt. Ein Oktaeder ist ein Körper, der aus acht gleichseitigen Dreiecken besteht und dessen Kanten alle gleich lang sind.**

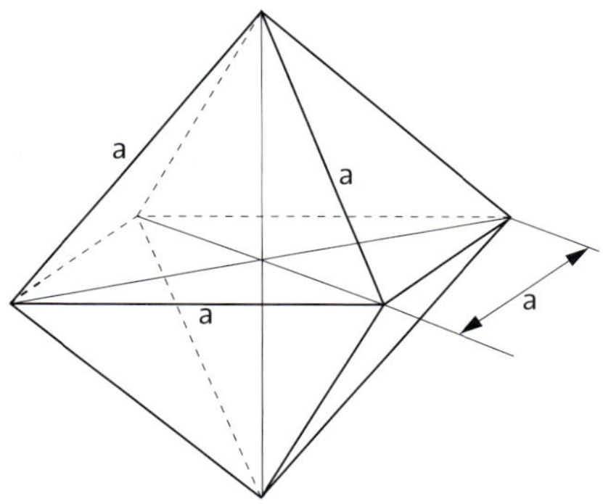

a) Stelle den Oktaeder in einer Zweitafelprojektion dar. Ermittle die dazu benötigte Höhe h_P einer Teilpyramide mithilfe einer Zeichnung.
(Tipp: Ermittle zuerst die Höhe einer Dreiecksfläche h_D.)
b) Berechne den Oberflächeninhalt und das Volumen des Oktaeders.

TESTEN

8 Zufall und Wahrscheinlichkeit

8.1 Wahrscheinlichkeit und Häufigkeit

Ein Vorgang, wie das Werfen eines Würfels, dessen **Ausgang (Ergebnis)** ungewiss ist, heißt **zufälliger Vorgang.**
Alle unterschiedlichen Ergebnisse, die auftreten können, werden in der **Ergebnismenge** Ω („Omega") zusammengefasst.
Ein **Ereignis E** ist die Zusammenfassung bestimmter (günstiger) Ergebnisse.

Beim Werfen eines Würfels kann man nicht vorhersagen, welche Augenzahl angezeigt wird.
Man weiß aber, dass die Augenzahlen von 1 bis 6 als Ergebnisse auftreten können:
Ergebnismenge $\Omega = \{1; 2; 3; 4; 5; 6\}$.
E sei das Ereignis *„Augenzahl ist ungerade"*, dann gilt $E = \{1; 3; 5\}$.

Wird ein solcher Vorgang unter gleichen Bedingungen mehrfach durchgeführt, spricht man von einem **Zufallsversuch** oder **Zufallsexperiment.**

Wenn du einen Würfel n-mal wirfst und dir die Ergebnisse notierst, führst du ein Zufallsexperiment durch.

Ein Ereignis, das bei jeder Wiederholung auftreten muss, heißt **sicheres Ereignis.**

Beim Würfeln eines Würfels ist das Ereignis *„Augenzahl ist größer oder gleich 1"* ein sicheres Ereignis, denn jeder Würfelwurf erfüllt diese Aussage.

Ein Ereignis, das nie eintreten kann, heißt **unmögliches Ereignis.**

Das Ereignis *„Augenzahl ist größer als 6"* ist unmöglich, denn es kann keine solche Augenzahl gewürfelt werden.

Die **absolute Häufigkeit** eines bestimmten Ergebnisses gibt an, wie oft das Ergebnis innerhalb eines Zufallsexperiments tatsächlich vorgekommen ist.

Zehnmaliges Werfen eines Würfels ergab: Die Augenzahl 4 wurde *dreimal* geworfen, also beträgt die *absolute Häufigkeit 3.*

Die **relative Häufigkeit** eines bestimmten Ergebnisses ist die absolute Häufigkeit geteilt durch die Anzahl der Wiederholungen:

$$\text{relative Häufigkeit} = \frac{\text{absolute Häufigkeit}}{\text{Anzahl der Wiederholungen}}$$

Die relative Häufigkeit wird als Bruch, als Dezimalzahl oder in Prozent angegeben.

Die *relative Häufigkeit* ist die absolute Häufigkeit (also 3) geteilt durch die Gesamtzahl der Wiederholungen (also 10):

$$\frac{3}{10} = 0{,}3 = 30\,\%$$

30 % der Würfe ergaben die Augenzahl 4.

In einer **Häufigkeitsverteilung** stellt man dar, wie oft die einzelnen Ergebnisse aus der Ergebnismenge Ω aufgetreten sind.

Augenzahl	1	2	3	4	5	6
absolute Häufigkeit	2	1	0	3	1	3
relative Häufigkeit	$\frac{2}{10}$	$\frac{1}{10}$	0	$\frac{3}{10}$	$\frac{1}{10}$	$\frac{3}{10}$

WISSEN

ÜBUNG 1 **Vervollständige den Text.**

Ein Würfel wird einmal geworfen. Die Augenzahlen 1 bis 6 sind die möglichen __________ . {1; 2; 3; 4; 5; 6} ist die __________ .
{4; 5; 6} bezeichnet das __________ *„Augenzahl ist größer als 3"*.
Bei einem Versuch wurde ein Würfel 60-mal geworfen. Die Augenzahl 5 wurde 12-mal geworfen, also ist 12 die __________ des Ergebnisses *„Augenzahl ist 5"*. Die relative Häufigkeit beträgt __________ (als Bruch) = __________ (in Prozent).

ÜBUNG 2 **Ein Würfel wird geworfen. Notiere zu jedem der Ereignisse die zugehörige Teilmenge der Ergebnismenge Ω = {1; 2; 3; 4; 5; 6}.**
Beispiel: Ereignis E: „Augenzahl ist gerade"; E = {2; 4; 6}

a) Ereignis A: *„Augenzahl ist ungerade."*
b) Ereignis B: *„Augenzahl ist 5."*
c) Ereignis C: *„Augenzahl ist größer als 4."*
d) Ereignis D: *„Augenzahl ist größer oder gleich 1."*
e) Ereignis E: *„Augenzahl ist 4 oder 5."*
f) Ereignis F: *„Augenzahl ist größer als 6."*

ÜBUNG 3 **Zwei Münzen werden gleichzeitig geworfen. Notiere die einzelnen Ergebnisse in der Form (Wappen; Zahl).**

a) Welche Ergebnisse (Würfe) sind möglich? Bestimme die Ergebnismenge Ω.
b) Welche Ergebnisse gehören zu dem Ereignis A: *„Genau eine Münze zeigt Zahl."*?
c) Welche Ergebnisse gehören zu dem Ereignis B: *„Mindestens eine Münze zeigt Zahl."*?

WISSEN +

Das Gesetz der großen Zahlen
Je häufiger man einen zufälligen Vorgang wiederholt, desto mehr nähert sich die relative Häufigkeit eines Ergebnisses einem festen Wert an. Diesen Wert nennt man **Wahrscheinlichkeit P (A)** des Eintreffens des Ergebnisses A.
Wahrscheinlichkeiten kann man als Entscheidungshilfen verwenden, denn man kann mit ihrer Hilfe die **Aussichten** auf ein bestimmtes Ergebnis **einschätzen.**

Man erwartet beim wiederholten Würfeln, dass im Schnitt jede Zahl gleich häufig gewürfelt wird, d. h., die Wahrscheinlichkeit für jede einzelne Augenzahl beträgt $\frac{1}{6}$.

Bei 100 Würfen schätzt man also, dass jede Augenzahl 16- bis 17-mal vorkommt. Es kann aber trotzdem sein, dass man nur Einsen wirft!

ÜBUNG 4 **Bei einem Spiel wird gleichzeitig mit zwei Würfeln, W_1 und W_2, gewürfelt. Notiere das Ergebnis eines Wurfes in der Form (w_1; w_2), wobei w_1 die gewürfelte Augenzahl von W_1 und w_2 die gewürfelte Augenzahl von W_2 angibt.**

a) Wie viele unterschiedliche Ergebnisse (Würfe) sind möglich? Notiere dir mögliche Würfe, versuche ein System zu erkennen und leite die Gesamtzahl ab.
b) Welche Ergebnisse gehören zu dem Ereignis B: *„W_1 zeigt eine ungerade Zahl und W_2 zeigt eine Zahl kleiner als 3.“*?
c) Welche Ergebnisse gehören zu dem Ereignis C: *„W_1 zeigt eine 6 oder W_2 zeigt eine 6.“*?
d) Welche Ergebnisse gehören zu dem Ereignis D: *„Es wird mindestens eine 3 gewürfelt.“*?
e) Welche Ergebnisse gehören zu dem Ereignis E: *„Es wird keine 3 gewürfelt.“*?

WISSEN

Summenregel
Die Wahrscheinlichkeit P(E) eines Ereignisses E ist gleich der Summe der Wahrscheinlichkeiten der für E **günstigen** Ergebnisse.

Merke: Die Wahrscheinlichkeit für ein bestimmtes Ergebnis liegt immer zwischen 0 und 1 (in Prozentschreibweise zwischen 0 % und 100 %).

Die Wahrscheinlichkeit für ein sicheres Ereignis ist 1 bzw. 100 %. Ein unmögliches Ereignis hat die Wahrscheinlichkeit 0.

Die Wahrscheinlichkeit, eine *„gerade Augenzahl“* zu würfeln, ist gleich der Summe der Wahrscheinlichkeiten für die drei Ergebnisse:
– *„Augenzahl ist 2“*;
– *„Augenzahl ist 4“* und
– *„Augenzahl ist 6“*.

Die Wahrscheinlichkeit, eine *„gerade Augenzahl“* zu würfeln, beträgt also

$$\begin{aligned} P(\text{gerade Augenzahl}) &= \frac{1}{6} + \frac{1}{6} + \frac{1}{6} \\ &= \frac{3}{6} = \frac{1}{2} = \frac{5}{10} \\ &= 50\,\%. \end{aligned}$$

ÜBUNG 5 **Der Mönch Gregor Mendel untersuchte im 19. Jahrhundert die Vererbung von Merkmalen bei Erbsen und entwickelte daraus die Grundlagen der Genetik. Er kreuzte gelbe Erbsen mit grünen Erbsen und untersuchte, welche Merkmale vererbt werden.**

a) In der zweiten Nachwuchsgeneration zählte Mendel 6015 gelbe und 1997 grüne Samen (Erbsen). Bestimme die relativen Häufigkeiten der Ergebnisse *„gelber Samen“* und *„grüner Samen“*.
b) Welche Wahrscheinlichkeiten kann man aus diesen beobachteten Ergebnissen ableiten? Bestimme jeweils einen möglichst einfachen Bruch.
c) Wie viele gelbe Erbsen sind bei 10 000 Erbsen der zweiten Nachwuchsgeneration zu erwarten?

8.2 Summen- und Pfadregel

Laplace-Versuche

Ein **Laplace-Versuch** ist ein Versuch, bei dem alle Ergebnisse die gleiche Wahrscheinlichkeit haben.

Gibt es n mögliche Ergebnisse, so hat jedes einzelne dieser Ergebnisse die Wahrscheinlichkeit $\frac{1}{n}$.

Ein typischer Laplace-Versuch ist das Ziehen einer Karte aus einem Kartenspiel Die Wahrscheinlichkeit, *eine* bestimmte von den 32 Karten zu ziehen, beträgt $\frac{1}{32}$.

Jede Karte kann mit der gleichen Wahrscheinlichkeit gezogen werden.

Ein **Ereignis eines Laplace-Versuches** ist die Zusammenfassung bestimmter (günstiger) Ergebnisse.
Die Wahrscheinlichkeit eines Ereignisses E eines Laplace-Versuches ist

$$P(E) = \frac{\text{Anzahl g der für E günstigen Ergebnisse}}{\text{Anzahl m aller möglichen Ergebnisse}}.$$

Es gibt 4 Könige, also beträgt die Wahrscheinlichkeit, *einen König* zu ziehen:

$\frac{4}{32} = \frac{1}{8} = 12{,}5\,\%$.

Kurz: $P(E) = \frac{g}{m}$; P(König) = 12,5 %

Mehrstufige Experimente

Ein **mehrstufiges Zufallsexperiment** besteht aus Teilversuchen, die gleichzeitig oder nacheinander ausgeführt werden.

Typische mehrstufige Zufallsversuche sind
– gleichzeitiges Würfeln mit zwei Würfeln;
– zweimaliges Würfeln mit einem Würfel.

Ein mehrstufiger Zufallsversuch kann durch ein **Baumdiagramm** veranschaulicht werden.
Die **Pfade** entsprechen den Ergebnissen. Die Wahrscheinlichkeiten werden neben den einzelnen Pfaden notiert.

1. Pfadregel (Produktregel):
Die Wahrscheinlichkeit eines Ergebnisses ist gleich dem Produkt der Wahrscheinlichkeiten längs des zugehörigen Pfades. Die Wahrscheinlichkeiten an den Ästen jeder Verzweigung ergeben zusammen 1.

2. Pfadregel (Summenregel):
Die Wahrscheinlichkeit eines Ereignisses ist gleich der Summe der Wahrscheinlichkeiten der für dieses Ereignis günstigen Pfade.

Beispiel zweimaliger Münzwurf:

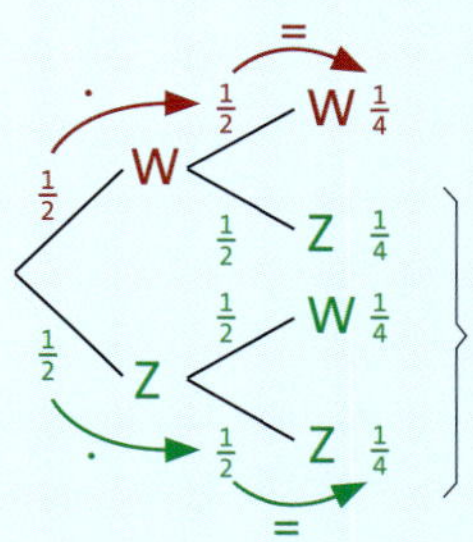

Wappen → W
Zahl → Z

$\frac{1}{4} + \frac{1}{4} + \frac{1}{4} = \frac{3}{4}$

Die Wahrscheinlichkeit für das Werfen von *Wappen und Wappen* beträgt

$\frac{1}{2} \cdot \frac{1}{2} = \frac{1}{4}$.

Wahrscheinlichkeit für das Werfen *mindestens einer Zahl* beträgt

$\frac{1}{4} + \frac{1}{4} + \frac{1}{4} = \frac{3}{4}$.

ÜBUNG 6 **Aus einem Skatblatt mit 32 Karten wird eine Karte gezogen. Gib jeweils alle Ergebnisse (Karten) an, die für das Eintreffen des Ereignisses günstig sind. Berechne die Wahrscheinlichkeit für das Eintreffen des jeweiligen Ereignisses.**
Beispiel: Ereignis E: „Herz Dame wird gezogen". Nur das Ergebnis (die Karte) Herz Dame ist günstig. Die Wahrscheinlichkeit für E beträgt P (E) = $\frac{1}{32}$**.**

a) Ereignis A: *„Ein Bube wird gezogen."*
b) Ereignis B: *„Es wird Kreuz gezogen."*
c) Ereignis C: *„Kreuz Bube oder Pik Bube wird gezogen."*
d) Ereignis D: *„Es wird keine 10 gezogen."*
(Tipp: Betrachte das Gegenereignis (↗ Wissen +).)

WISSEN +

Komplementärregel
Bei einem Zufallsexperiment mit einem betrachteten **Ereignis** E nennt man die Zusammenfassung der Ergebnisse, die nicht zum Ereignis E gehören, Gegenereignis $\overline{E}$.
Die **Komplementärregel** besagt, dass die Summe der Wahrscheinlichkeiten des Ereignisses und des zugehörigen Gegenereignisses gleich 1 ist:

Wahrscheinlichkeit des Ereignisses + Wahrscheinlichkeit des Gegenereignisses = 1

Tipp: Verwende die Komplementärregel, wenn es einfacher ist, die Wahrscheinlichkeit des Gegenereignisses zu bestimmen.

Beispiel Würfelwurf:
Zum Ereignis *„Augenzahl ist nicht 5"*, gehört das Gegenereignis *„Augenzahl ist 5"*.
Das *Ereignis* wird durch das Würfeln der Augenzahlen *1, 2, 3, 4, 6* herbeigeführt, die Wahrscheinlichkeit soll berechnet werden.
Das *Gegenereignis* wird durch das Würfeln der Augenzahl *5* herbeigeführt. Die Wahrscheinlichkeit beträgt $\frac{1}{6}$.

Die Wahrscheinlichkeit für das Ereignis *„Augenzahl ist nicht 5"* ist also gleich:

$1 - \frac{1}{6} = \frac{5}{6}$

ÜBUNG 7 **Betrachte den Wurf eines Würfels. Bestimme jeweils die Wahrscheinlichkeit des Ereignisses. (Tipp: Du kannst die Ergebnisse aus Übung 2 nutzen.)**

a) Ereignis A: *„Augenzahl ist ungerade."*
b) Ereignis B: *„Augenzahl ist 5."*
c) Ereignis C: *„Augenzahl größer als 4."*
d) Ereignis D: *„Augenzahl ist größer oder gleich 1"*. Um welche besondere Art von Ereignis handelt es sich?
e) Ereignis E: *„Augenzahl ist 4 oder 5."*
f) Ereignis F: *„Augenzahl ist größer als 6"*. Um welche besondere Art von Ereignis handelt es sich?

ÜBUNG 8 **Betrachte den gleichzeitigen Wurf zweier Münzen. (Tipp: Du kannst die Ergebnisse aus Übung 3 nutzen.)**

a) Wie groß ist die Wahrscheinlichkeit, *ein bestimmtes Ergebnis zu erhalten?*
b) Wie groß ist die Wahrscheinlichkeit, dass *genau eine Münze Zahl zeigt?*
c) Wie groß ist die Wahrscheinlichkeit, dass *mindestens eine Münze Zahl zeigt?*
d) Nun wird eine Münze zweimal hintereinander geworfen. Bestimme die Ergebnismenge.
e) Zähle alle Würfe auf, die für das Eintreffen des Ereignisses E *„mindestens eine Münze zeigt Zahl."* günstig sind. Bestimme die Wahrscheinlichkeit dieses Ereignisses.

ÜBUNG 9 **Ein Würfel wird zweimal hintereinander geworfen, die Augenzahlen der beiden Würfe W_1 und W_2 werden notiert.**

a) Zeichne das zugehörige Baumdiagramm.
b) Wie groß ist die Wahrscheinlichkeit, eine bestimmte Wurfkombination zu würfeln, also z. B. die Wahrscheinlichkeit, dass *W_1 die 5 und W_2 die 3 zeigt?*
c) Wie groß ist die Wahrscheinlichkeit, dass *W_1 eine ungerade Zahl anzeigt und W_2 eine Zahl, die kleiner ist als 3?*
d) Wie groß ist die Wahrscheinlichkeit, dass *W_1 oder W_2 eine 6 anzeigt*?
e) Wie groß ist die Wahrscheinlichkeit, dass *mindestens eine 3 gewürfelt wird?*
f) Wie groß ist die Wahrscheinlichkeit, dass *keine 3 gewürfelt wird?*
g) Notiere zu jedem möglichen Wurf die Augensumme.
h) Welche Ergebnisse gehören zu dem Ereignis H: *„Augensumme ist 7."*? Wie groß ist die Wahrscheinlichkeit für dieses Ereignis?

ÜBUNG 10 **In einer Tüte befinden sich noch 10 Gummibärchen: 5 rote, 2 gelbe und 3 weiße. Emma darf nacheinander 2 Gummibärchen ziehen (ohne das erste wieder zurückzulegen).**

a) Bestimme die Ergebnismenge Ω.
b) Zeichne ein Baumdiagramm, berechne die zugehörigen Wahrscheinlichkeiten. Achte darauf, dass sich durch das Wegnehmen eines Gummibärchens deren Anzahl ändert.
c) Wie groß ist die Wahrscheinlichkeit, *genau ein gelbes Gummibärchen* zu ziehen?
d) Emma liebt weiße Gummibärchen; wie groß ist die Wahrscheinlichkeit, dass sie *mindestens ein weißes Gummibärchen* entnimmt?
e) Wie groß ist die Wahrscheinlichkeit, *höchstens ein rotes Gummibärchen zu entnehmen?*
f) Emma möchte ihrem Bruder Paul ein rotes Gummibärchen geben. Sie selbst aber möchte ein weißes. Wie groß ist die Wahrscheinlichkeit, dass sie *ein rotes und ein weißes entnimmt* (egal in welcher Reihenfolge)?

70 Minuten

KLASSENARBEIT 1

AUFGABE 1 Ein Würfel wird geworfen.

a) Bestimme die Ergebnismenge Ω.
b) Fasse jeweils alle Ergebnisse (Würfe), die für das Eintreffen des Ereignisses günstig sind, zu einer Menge zusammen:
– Ereignis A: *„Augenzahl ist gerade."*
– Ereignis B: *„Augenzahl ist 2 oder 3."*
– Ereignis C: *„Augenzahl ist kleiner als 4."*
c) Bestimme die Wahrscheinlichkeiten der einzelnen Ereignisse A, B und C.
d) Formuliere die Gegenereignisse zu den Ereignissen B und C. Notiere jeweils die Ergebnisse, die für das Eintreffen dieser Gegenereignisse günstig sind. Bestimme die Wahrscheinlichkeiten der Gegenereignisse zu B und C.

AUFGABE 2 Es werden gleichzeitig zwei Würfel geworfen.

a) Wie viele mögliche Ergebnisse gibt es? Notiere die Ergebnisse des Würfelns mit Würfel W_1 und W_2 in der Form $(w_1; w_2)$, also z. B. (2; 5).
b) Fasse jeweils alle Ergebnisse (Würfe), die für das Eintreffen des genannten Ereignisses günstig sind, zu einer Menge zusammen:
– Ereignis A: *„Augensumme ist 3."*
– Ereignis B: *„Augensumme ist größer als 9."*
– Ereignis C: *„Augensumme ist kleiner als 2."*
c) Bestimme die Wahrscheinlichkeiten der drei Ereignisse aus b).
d) Berechne möglichst geschickt die Wahrscheinlichkeit des Ereignisses D: *„Augensumme ist kleiner als 10."*

AUFGABE 3 Bei einem Brettspiel gibt es verschiedene Zugmöglichkeiten. Man muss zunächst das abgebildete Glücksrad drehen und anschließend einen Würfel werfen.

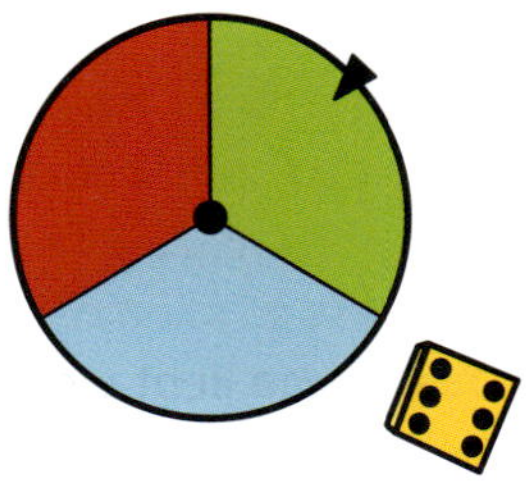

a) Zeichne das zugehörige Baumdiagramm.
b) Wie viele verschiedene Ergebnisse kann es geben?
c) Wie groß ist die Wahrscheinlichkeit für ein bestimmtes Ergebnis A?
d) In der Spielanleitung steht folgende Regel: *„Bei grün und einer Augenzahl größer als 2 darfst du eine Karte ziehen"*. Mit welcher Wahrscheinlichkeit tritt dieses Ereignis (D) ein?
e) Betrachte das Ereignis E: *„Bei einer 6 darf man noch einmal würfeln"*. Wie groß ist die Wahrscheinlichkeit, dass man nicht noch einmal würfeln darf?

TESTEN

KLASSENARBEIT 2

45 Minuten

AUFGABE 4 In einer Mathematikarbeit erteilte der Lehrer folgende Noten: zweimal 1; dreimal 2; neunmal 3; fünfmal 4; fünfmal 5; einmal 6.

a) Berechne den Notendurchschnitt. Wie viele Schüler liegen über dem Durchschnitt?

b) Gib die Ergebnismenge Ω für das Ereignis *„Note ist besser als 4."* an.

c) Bestimme die relative Häufigkeit der Noten in Prozent und als Dezimalzahl. Wie hoch ist die relative Häufigkeit für Leistungen besser als 4?

d) Stelle die Notenverteilung in einem Kreisdiagramm dar.

AUFGABE 5 In einem Behälter befinden sich nur grüne und rote Kugeln. Für das Ziehen einer roten Kugel ist die Wahrscheinlichkeit jeweils angegeben. Kennzeichne durch Färben die Anzahl der roten und grünen Kugeln.

a) $P = \frac{3}{10}$

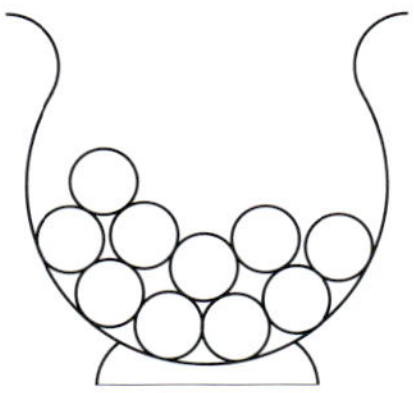

b) $P = \frac{3}{4}$

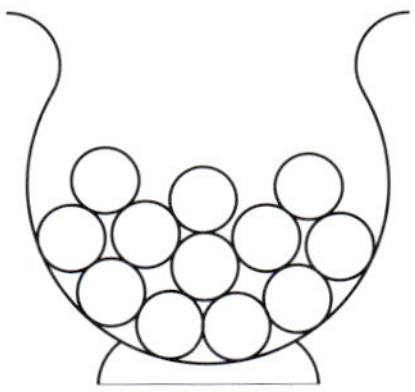

c) $P = \frac{2}{5}$

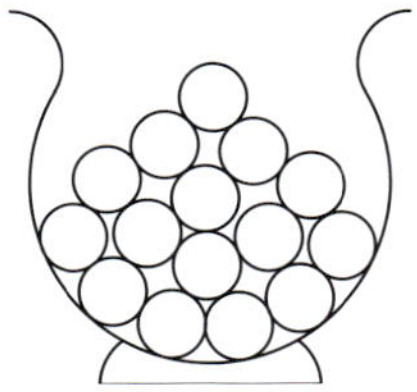

TESTEN

AUFGABE 6 Bearbeite die Aufgaben zu Wahrscheinlichkeiten.

a) Moritz wirft einen Würfel 1 800-mal. Wie oft hat er vermutlich eine 2 geworfen?

b) In die Klasse von Moritz gehen 15 Mädchen und 13 Jungen. Moritz trifft zufällig einen Mitschüler beim Kinobesuch. Wie groß ist die Wahrscheinlichkeit, dass er ein Mädchen trifft?

AUFGABE 7 Bei einer Tombola enthält der Losbehälter noch fünf Gewinnlose und sieben Nieten. Sarah darf zweimal ziehen. Zeichne ein Baumdiagramm.

a) Wie groß ist die Wahrscheinlichkeit, dass sie zwei Gewinne zieht?

b) Wie groß ist die Wahrscheinlichkeit, mindestens einen Gewinn zu ziehen?

c) Ist die Wahrscheinlichkeit für zwei Nieten genauso groß wie die für zwei Gewinne?

Stichwortfinder